– 기탄영역별수학 도형·측정편 13과정 학습자료 –

〈학습자료〉

도형·측정편

영재 엄마,
땅 꺼지겠어요.
무슨 일 있어요?
우리 영재 때문에
걱정이 이만저만이
아니에요.
휴우

엄마, '각도' 부분에서
각도 어림하는 게
너무 어려워요.
수학이 싫어
질 것 같아요.
추
욱
이러고 있지 뭐예요.

그런 문제라면 걱정
하지 않아도 돼요.
쓱

기탄교육에서 나온
'기탄영역별수학
도형·측정편'을
풀게 해 주세요.
모자라는 부분을
'집중적'으로
학습할 수 있어요.

짠
각도
빨리 사야겠네요.

수학과 교육과정에서 초등학교 수학 내용은 '수와 연산', '도형', '측정', '규칙성', '자료와 가능성'의 5개 영역으로 구성되는데, 우리가 이 교재에서 다룰 영역은 '도형·측정'입니다.

'도형' 영역에서는 평면도형과 입체도형의 개념, 구성요소, 성질과 공간감각을 다룹니다. 평면도형이나 입체도형의 개념과 성질에 대한 이해는 실생활 문제를 해결하는 데 기초가 되며, 수학의 다른 영역의 개념과 밀접하게 관련되어 있습니다. 또한 도형을 다루는 경험으로부터 비롯되는 공간감각은 수학적 소양을 기르는 데 도움이 됩니다.

'측정' 영역에서는 시간, 길이, 들이, 무게, 각도, 넓이, 부피 등 다양한 속성의 측정과 어림을 다룹니다. 우리 생활 주변의 측정 과정에서 경험하는 양의 비교, 측정, 어림은 수학 학습을 통해 길러야 할 중요한 기능이고, 이는 실생활이나 타 교과의 학습에서 유용하게 활용되며, 또한 측정을 통해 길러지는 양감은 수학적 소양을 기르는 데 도움이 됩니다.

1. 부족한 부분에 대한 집중 연습이 가능

도형·측정 영역은 직관적으로 쉽다고 느끼는 아이들도 있지만, 많은 아이들이 수·연산 영역에 비해 많이 어려워합니다.
길이, 무게, 넓이 등의 여러 속성을 비교하거나 어림해야 할 때는 섬세한 양감능력이 필요하고, 입체도형의 겉넓이나 부피를 구해야 할 때는 도형의 속성, 전개도의 이해는 물론 계산능력까지도 필요합니다. 도형을 돌리거나 뒤집는 대칭이동을 알아볼 때는 실제 해본 경험을 토대로 하여 형성된 추론능력이 필요하기도 합니다.
다른 여러 영역에 비해 도형·측정 영역은 이렇게 종합적이고 논리적인 사고와 직관력을 동시에 필요로 하기 때문에 문제 상황에 익숙해지기까지는 당황스러울 수밖에 없습니다.
하지만 절대 걱정할 필요가 없습니다.
기초부터 차근차근 쌓아 올라가야만 다른 단계로의 확장이 가능한 수·연산 등 다른 영역과 달리, 도형·측정 영역은 각각의 내용들이 독립성 있는 경우가 대부분이어서 부족한 부분만 집중 연습해도 충분히 그 부분의 완성도 있는 학습이 가능하기 때문입니다.
이번에 기탄에서 출시한 기탄영역별수학 도형·측정편으로 부족한 부분을 선택하여 집중적으로 연습해 보세요. 원하는 만큼 실력과 자신감이 쑥쑥 향상됩니다.

2. 학습 부담 없는 알맞은 분량

내게 부족한 부분을 선택해서 집중 연습하려고 할 때, 그 부분의 학습 분량이 너무 많으면 부담 때문에 시작하기조차 힘들 수 있습니다.
무조건 문제 수가 많은 것보다 학습의 흥미도를 떨어뜨리지 않는 범위 내에서 필요한 만큼 충분한 양일 때 학습효과가 가장 좋습니다.
기탄영역별수학 도형·측정편은 다루어야 할 내용을 세분화하여, 한 가지 내용에 대한 학습량도 권당 80쪽, 쪽당 문제 수도 3~8문제 정도로 여유 있게 배치하여 학습 부담을 줄이고 학습효과는 높였습니다.
학습자의 상태를 가장 많이 고민한 책, 기탄영역별수학 도형·측정편으로 미루어 두었던 수학에의 도전을 시작해 보세요.

이 책의 구성

★ 본 학습

제목을 통해 이번 차시에서 학습해야 할 내용이 무엇인지 짚어 보고, 그것을 익히기 위한 최적화된 연습문제를 반복해서 집중적으로 풀어 볼 수 있습니다.

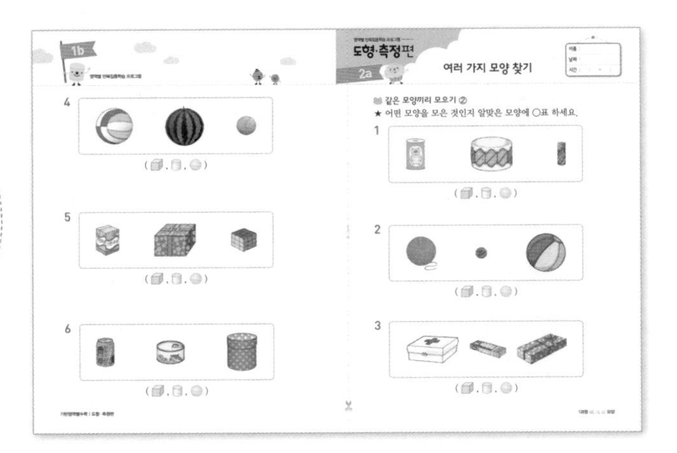

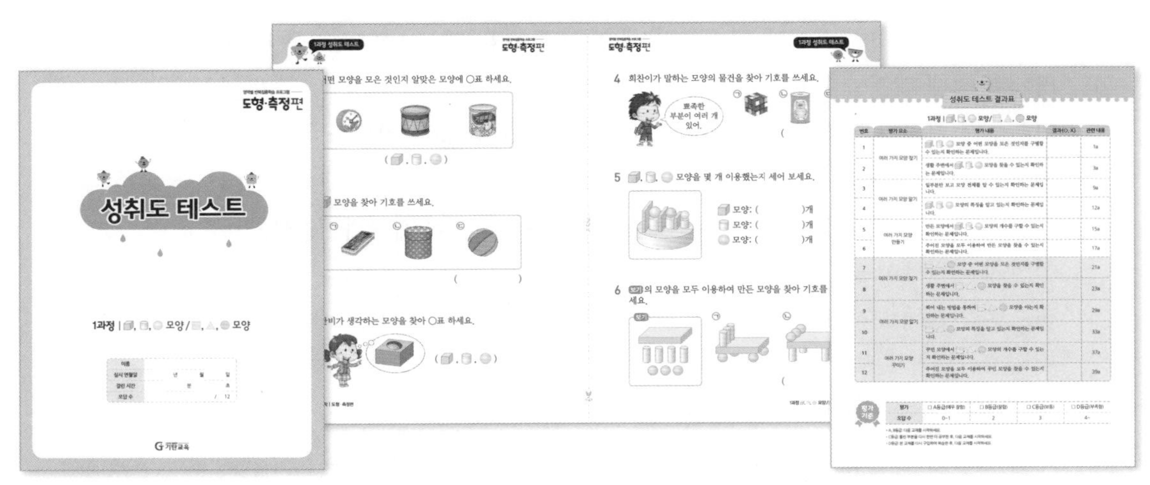

★ 성취도 테스트

성취도 테스트는 본문에서 집중 연습한 내용을 최종적으로 한번 더 확인해 보는 문제들로 구성되어 있습니다. 성취도 테스트를 풀어 본 후, 결과표에 내가 맞은 문제인지 틀린 문제인지 체크를 해가며 각각의 문항을 통해 성취해야 할 학습목표와 학습내용을 짚어 보고, 성취된 부분과 부족한 부분이 무엇인지 확인합니다.

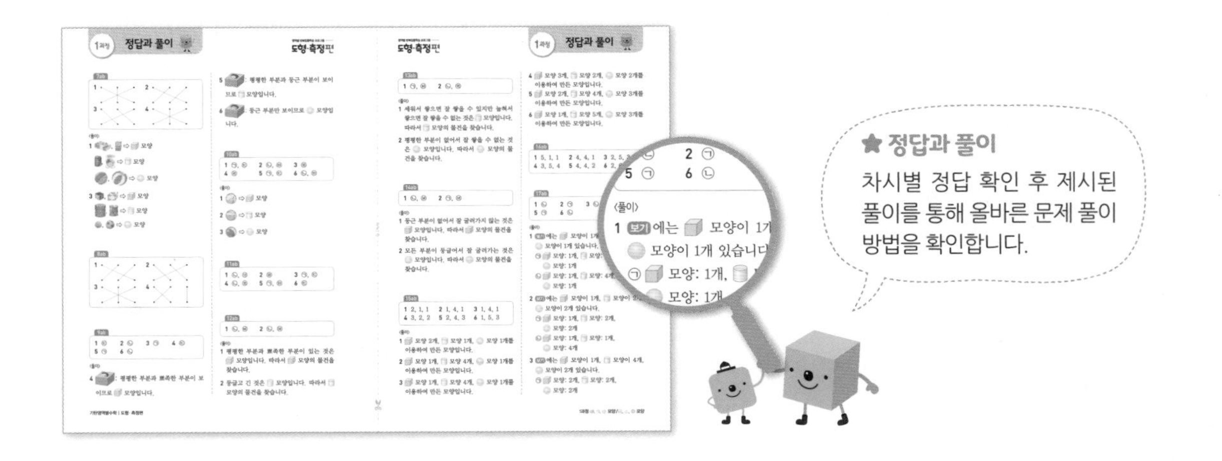

★ 정답과 풀이

차시별 정답 확인 후 제시된 풀이를 통해 올바른 문제 풀이 방법을 확인합니다.

기탄영역별수학
도형·측정편

· 사각형
· 다각형

기초부터 탄탄하게
기탄교육

사각형

다각형

이름 :
날짜 :
시간 : : ~ :

사다리꼴 알기

사다리꼴 찾기 ①

1 평행한 변이 있는지에 따라 사각형을 분류해 보세요.

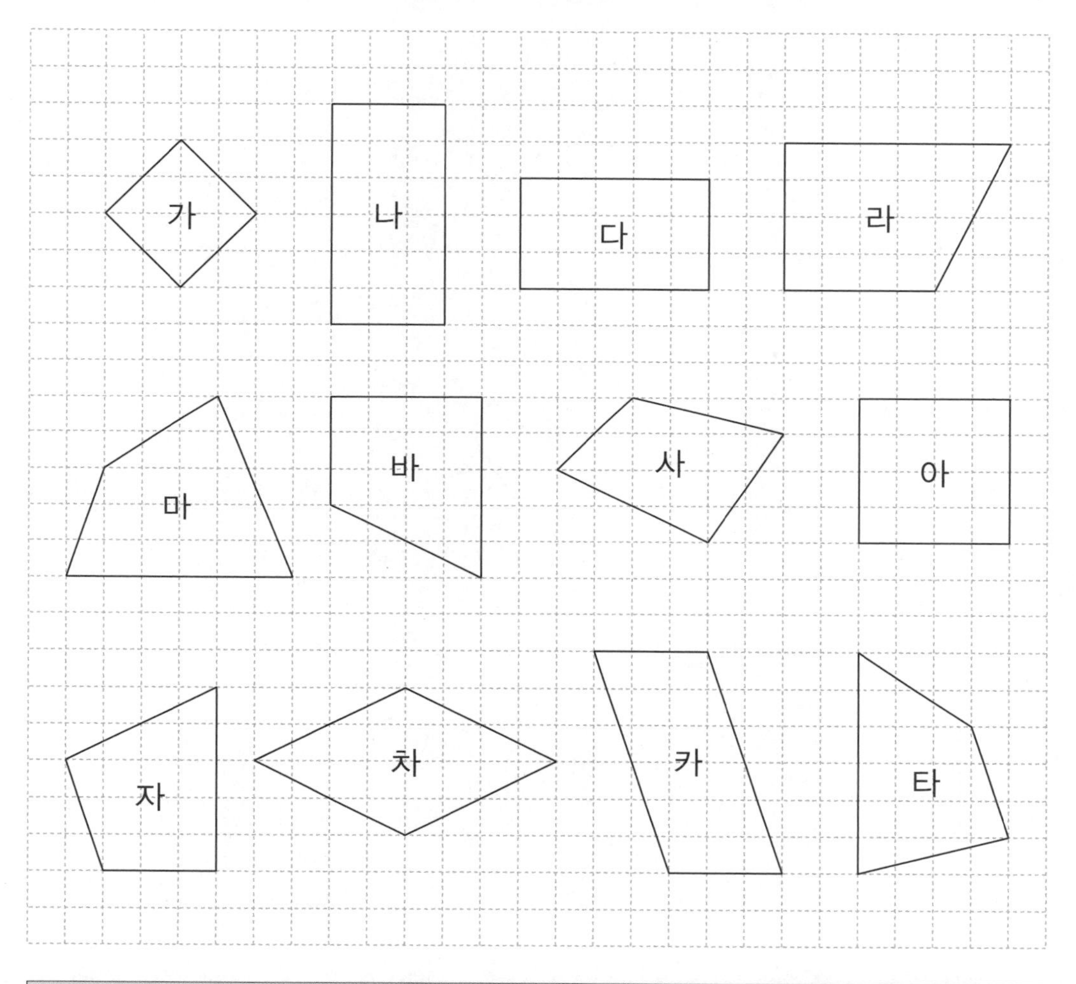

평행한 변이 있습니다.	평행한 변이 없습니다.

2 평행한 변이 있는지에 따라 사각형을 분류해 보세요.

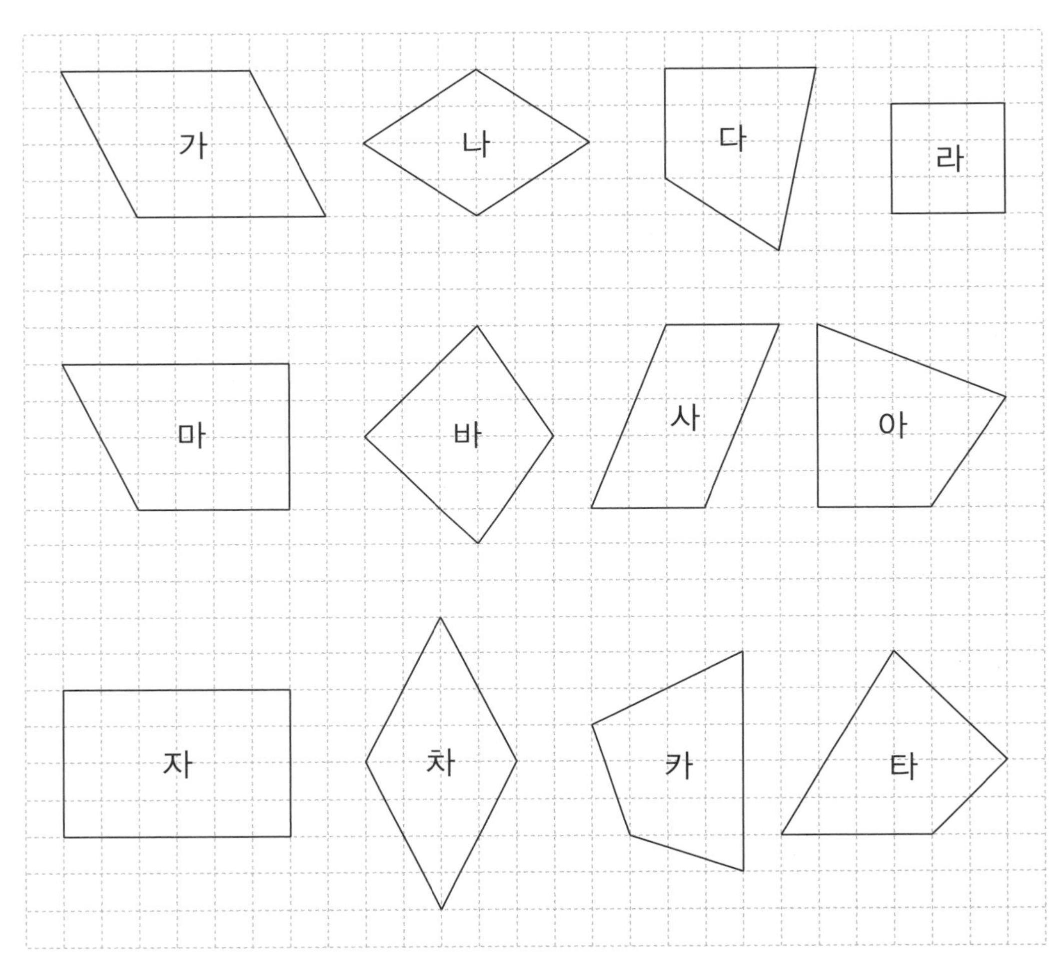

평행한 변이 있습니다.	평행한 변이 없습니다.

사다리꼴 알기

이름 :
날짜 :
시간 : : ~ :

사다리꼴 찾기 ②

★ 사다리꼴을 모두 찾아 기호를 쓰세요.

평행한 변이 한 쌍이라도 있는 사각형을 사다리꼴이라고 합니다.

1

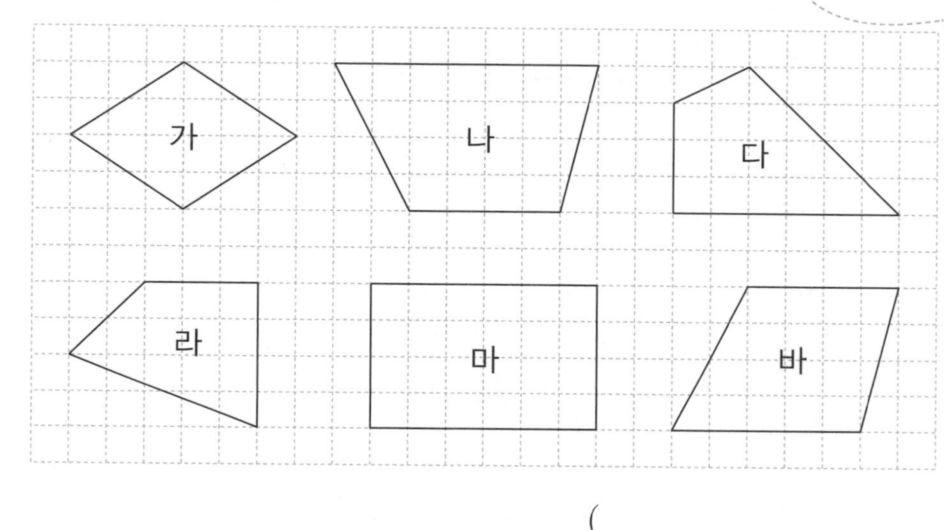

( )

2

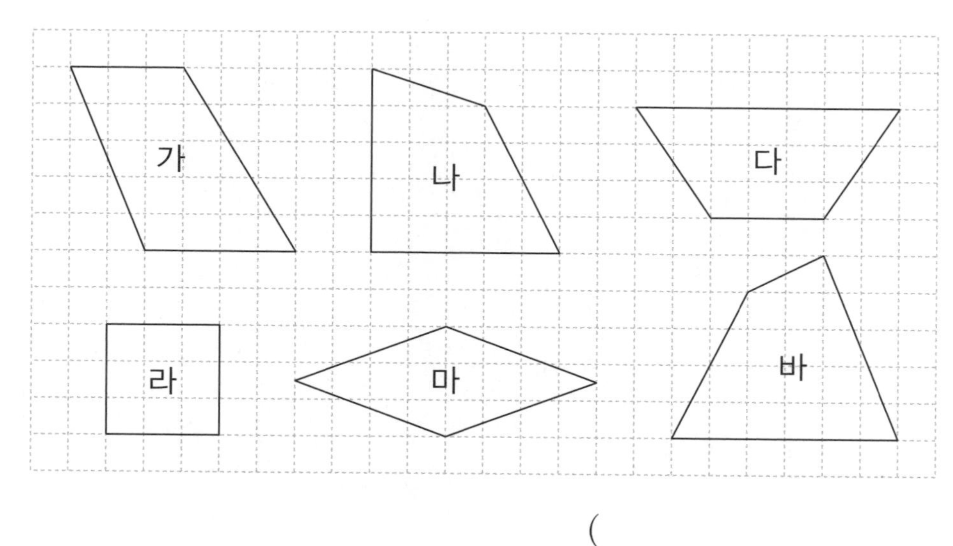

( )

★ 사다리꼴을 모두 찾아 기호를 쓰세요.

3

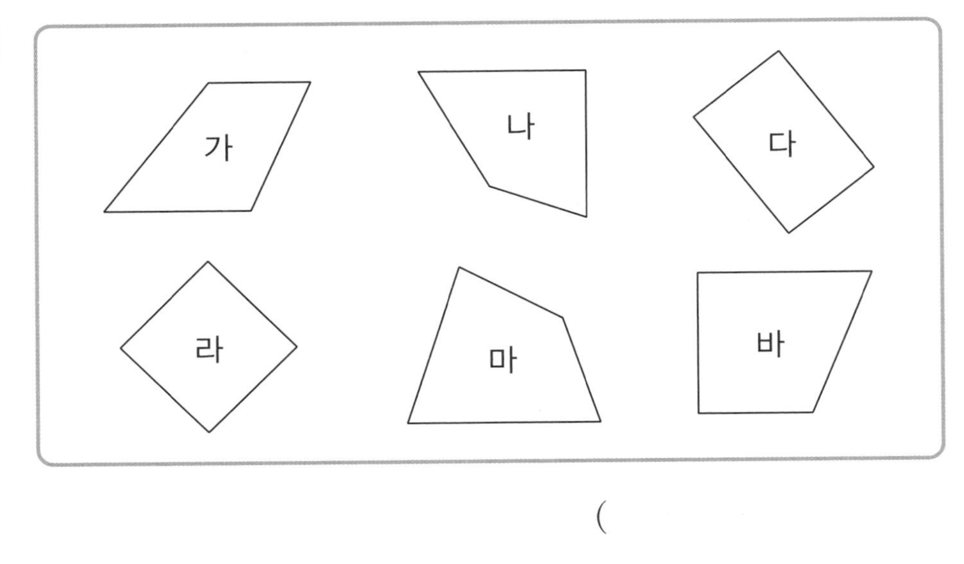

( )

4

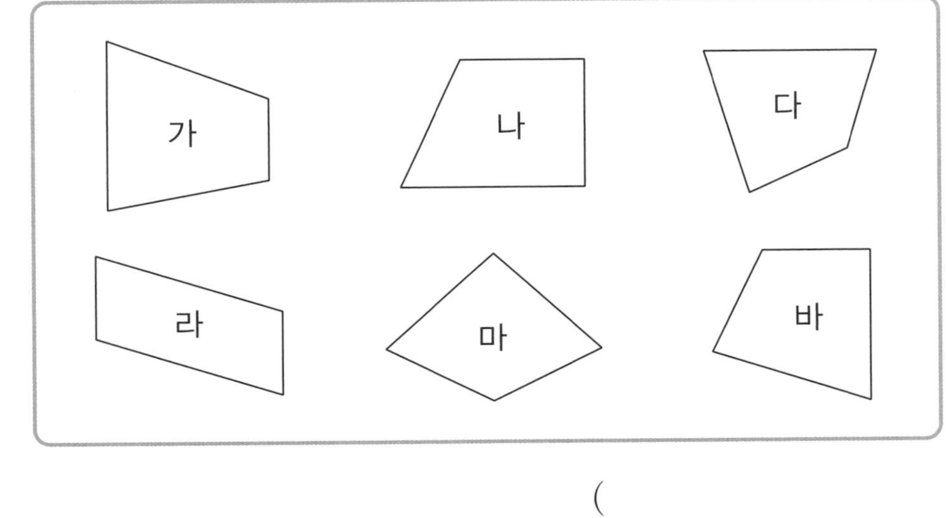

( )

사다리꼴 알기

이름 :
날짜 :
시간 : : ~ :

사다리꼴 완성하기

1 주어진 선분을 이용하여 사다리꼴을 완성해 보세요.

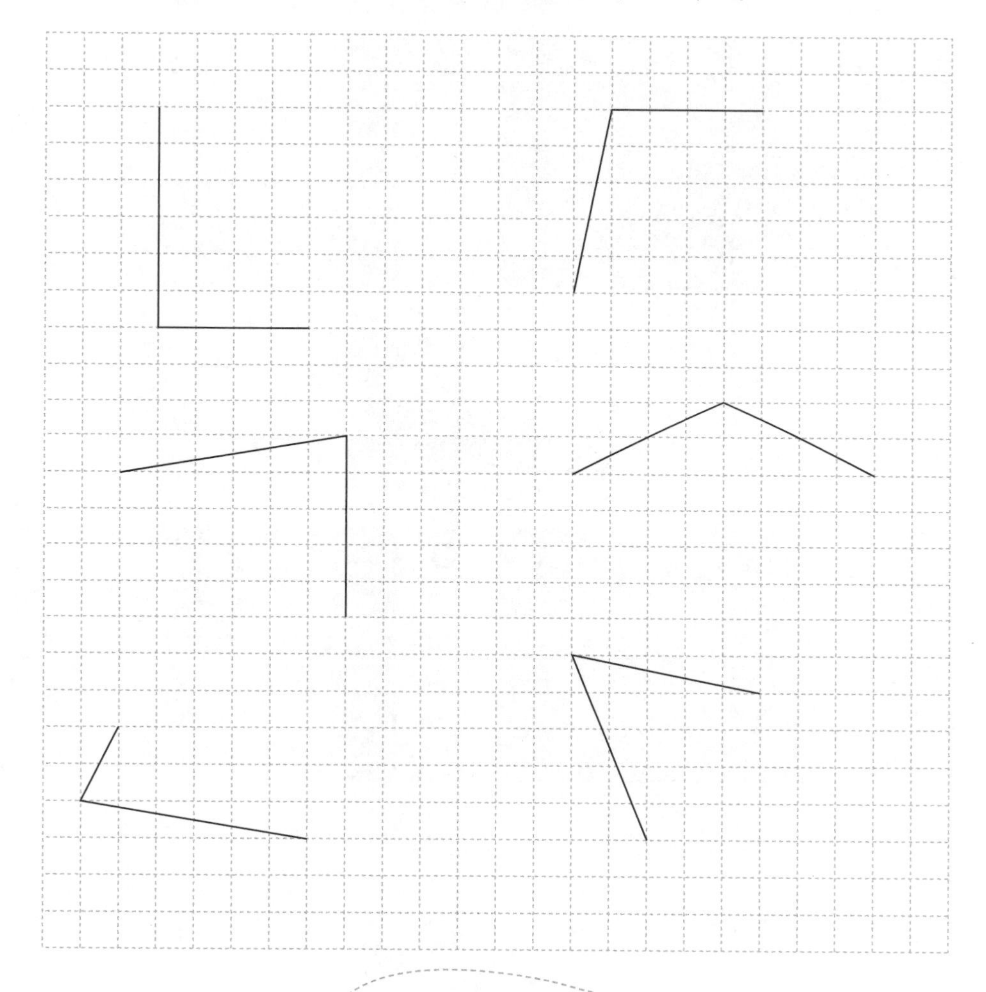

주어진 선분을 이용하여
평행한 변이 한 쌍이라도
있게 사각형을 그립니다.

★ 도형판에서 꼭짓점 한 개만 옮겨서 사다리꼴을 만들어 보세요.

2

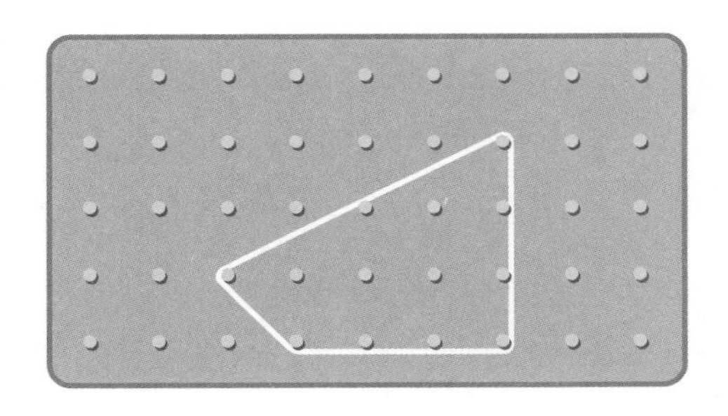

3

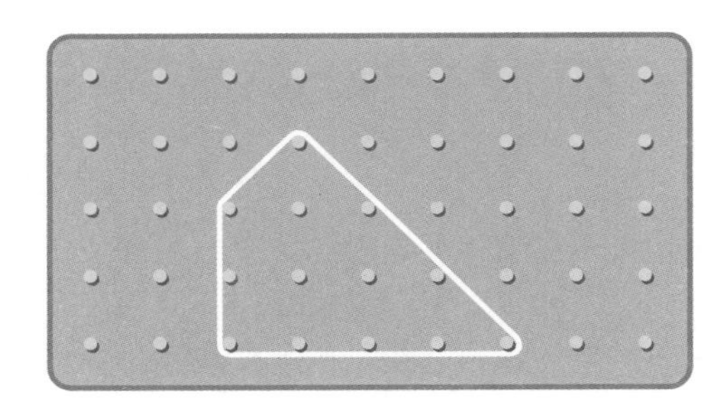

4

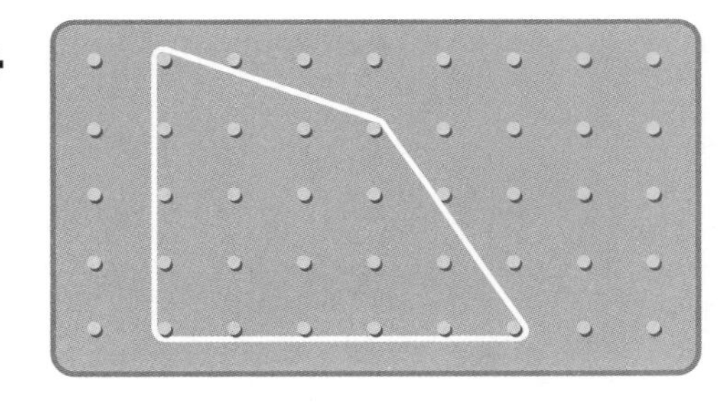

5

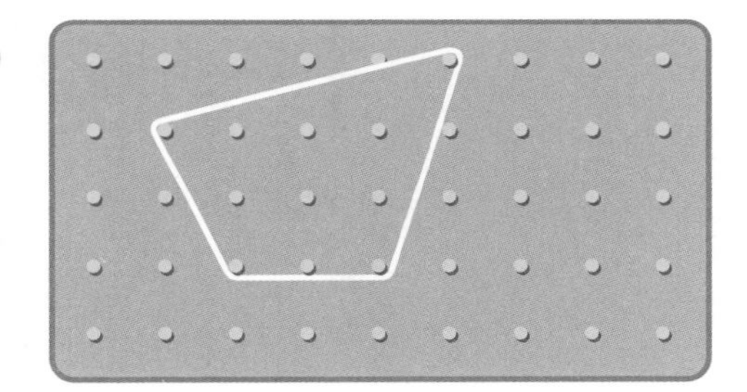

6

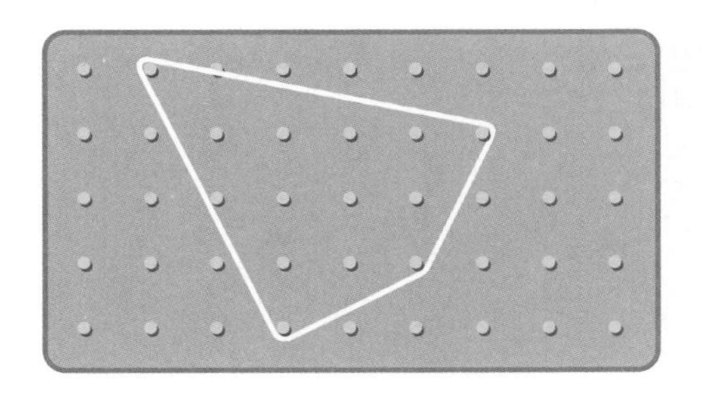

7

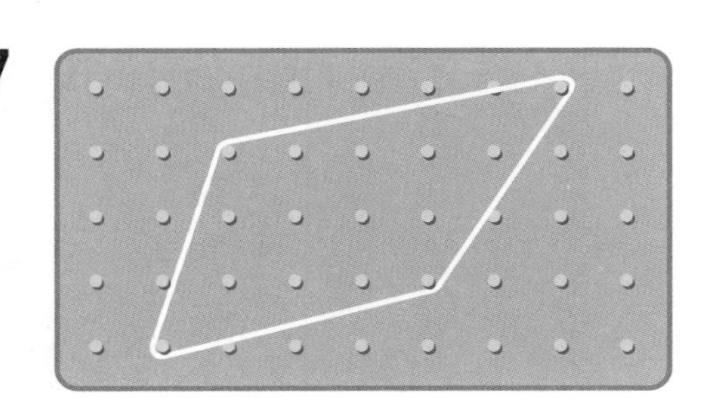

이름 :
날짜 :
시간 : : ~ :

평행사변형 알기

평행사변형 찾기 ①

1 평행한 변의 수에 따라 사각형을 분류해 보세요.

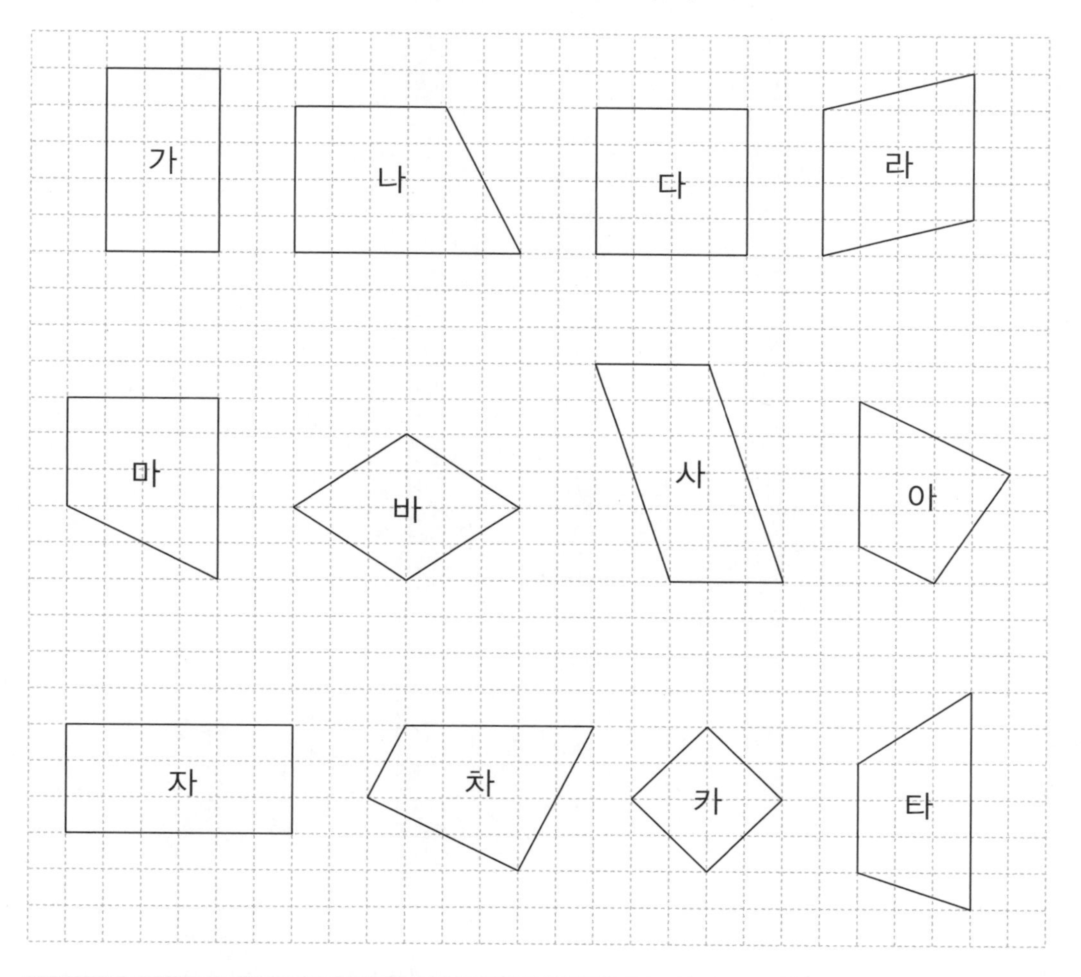

평행한 변이 1쌍	평행한 변이 2쌍

2 평행한 변의 수에 따라 사각형을 분류해 보세요.

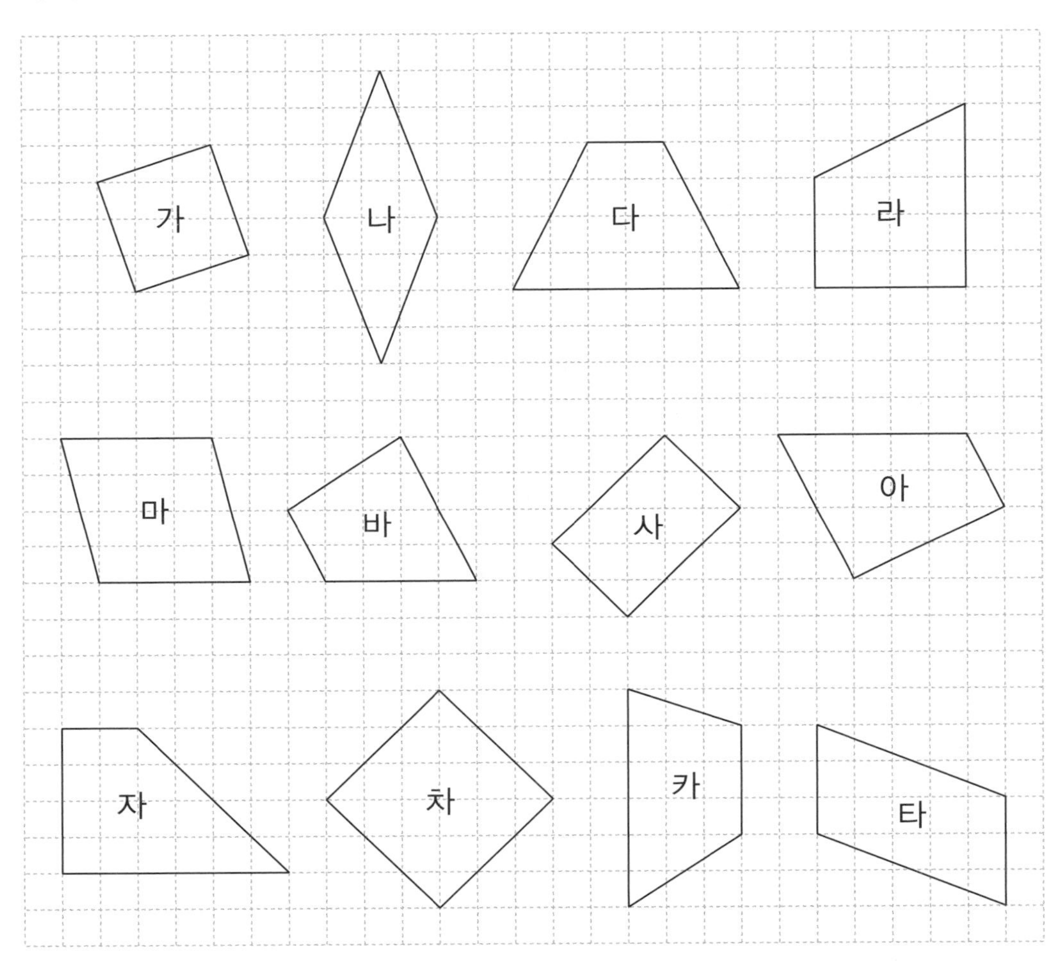

평행한 변이 1쌍	평행한 변이 2쌍

평행사변형 알기

이름 :
날짜 :
시간 : : ~ :

평행사변형 찾기 ②

★ 평행사변형을 모두 찾아 기호를 쓰세요.

마주 보는 두 쌍의 변이 서로 평행한 사각형을 평행사변형이라고 합니다.

1

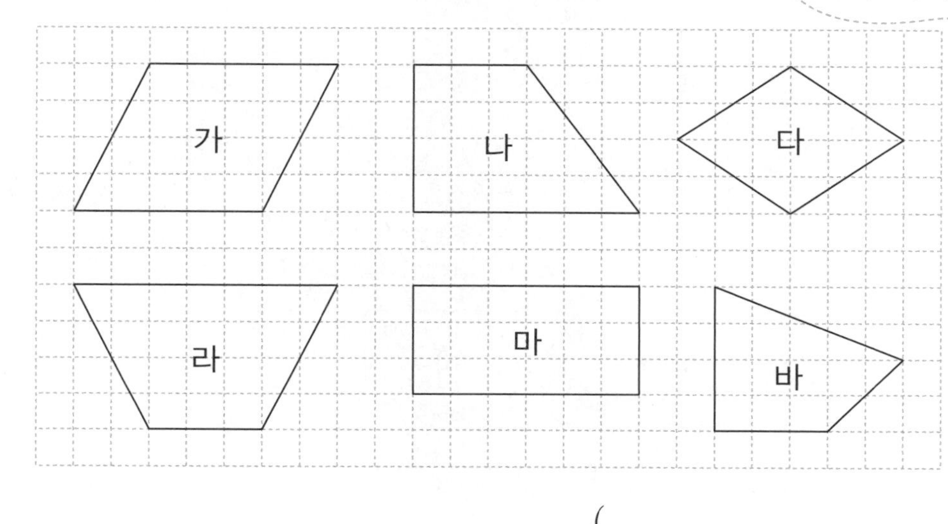

( )

2

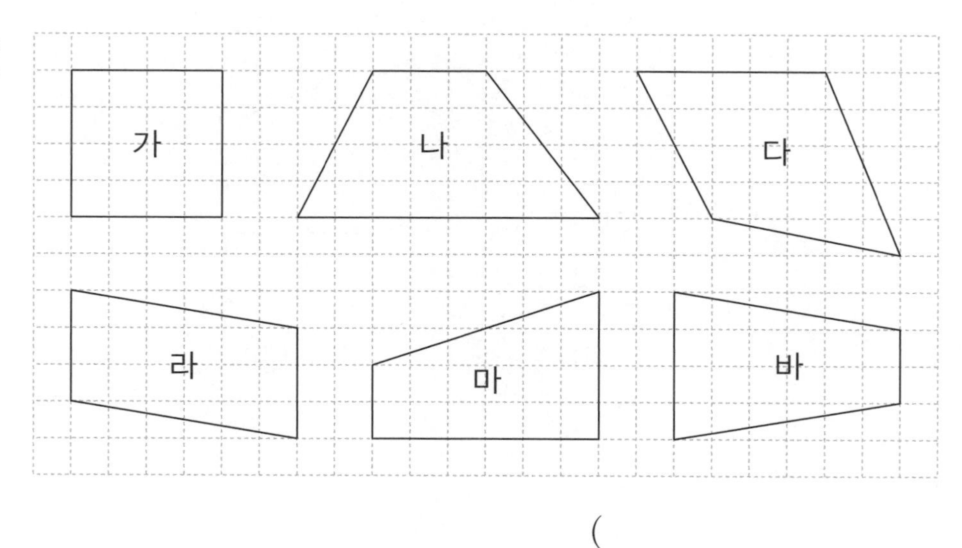

( )

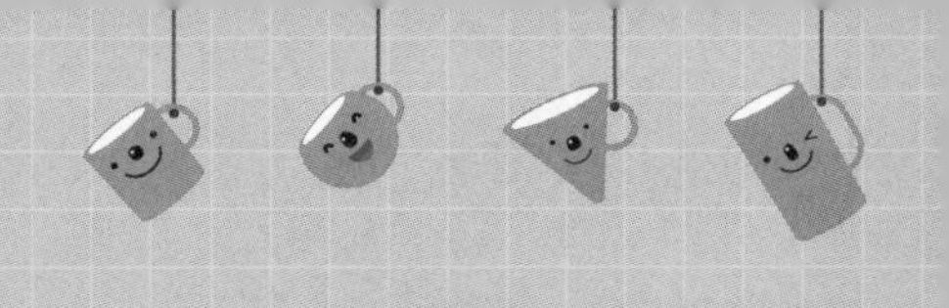

★ 평행사변형을 모두 찾아 기호를 쓰세요.

3

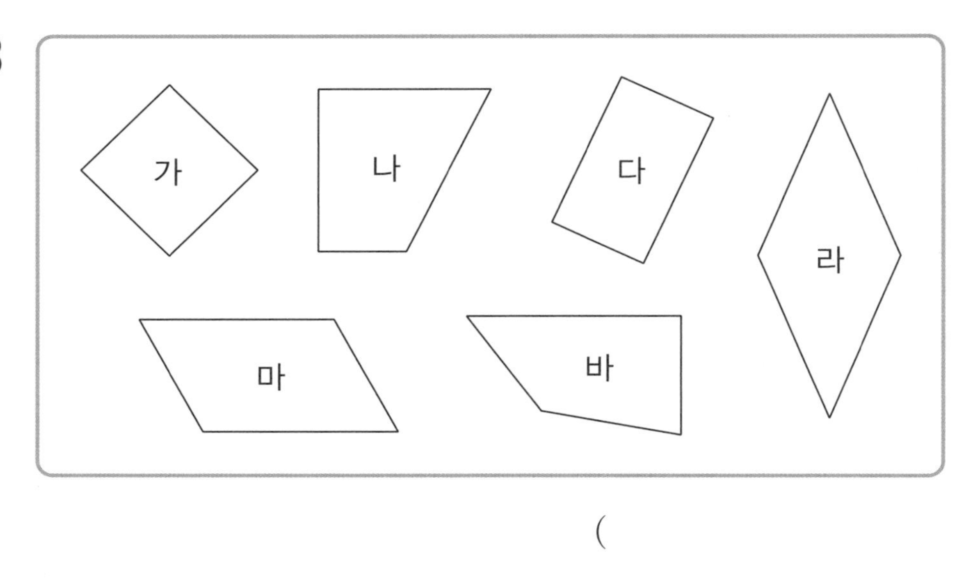

(　　　　　　　　　　　　　　　　)

4

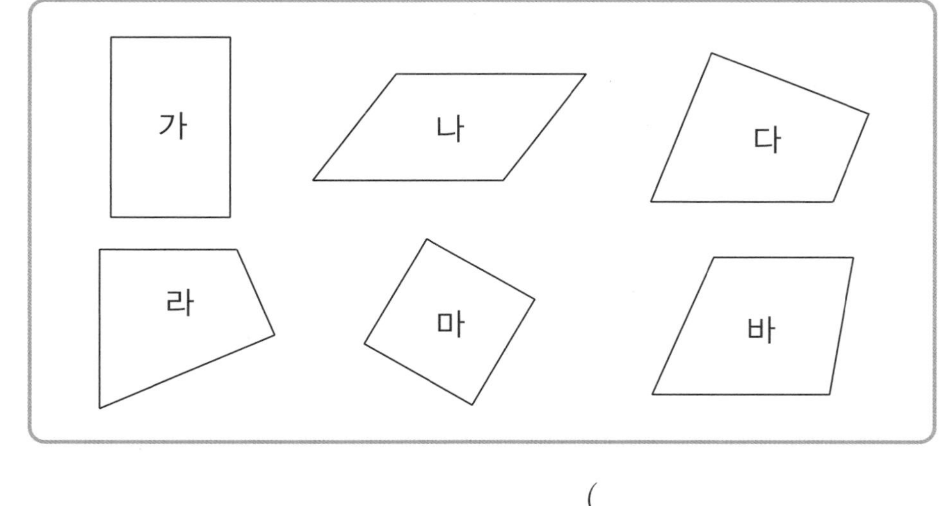

(　　　　　　　　　　　　　　　　)

평행사변형 알기

이름 :
날짜 :
시간 : : ~ :

평행사변형 완성하기

1 주어진 선분을 이용하여 평행사변형을 완성해 보세요.

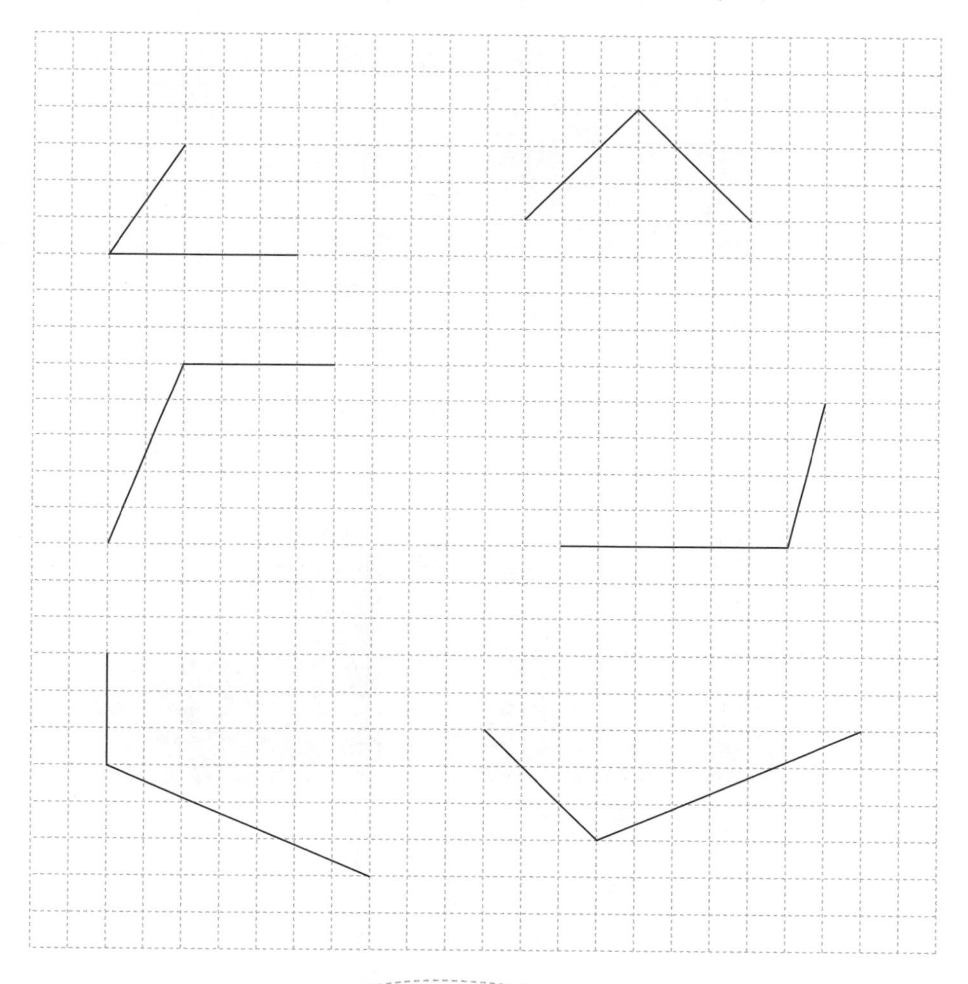

주어진 선분을 이용하여
마주 보는 두 쌍의 변이 서로
평행하게 사각형을 그립니다.

★ 도형판에서 꼭짓점 한 개만 옮겨서 평행사변형을 만들어 보세요.

2

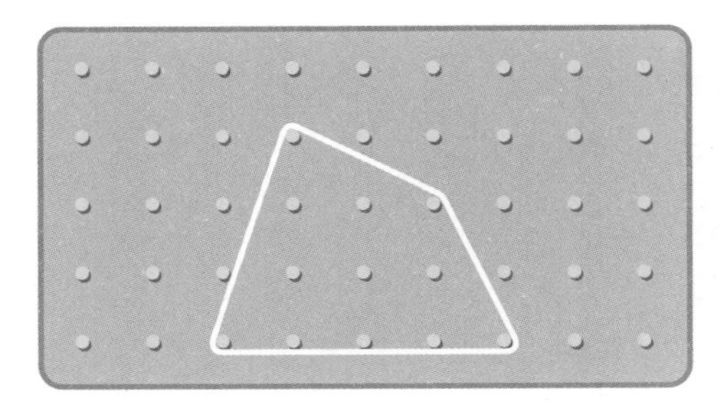

3

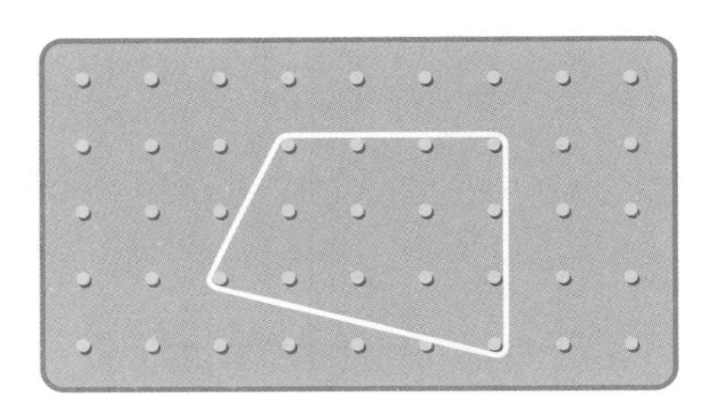

4

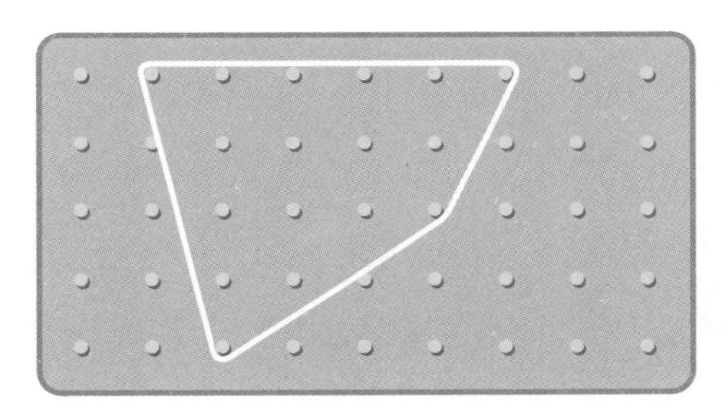

5

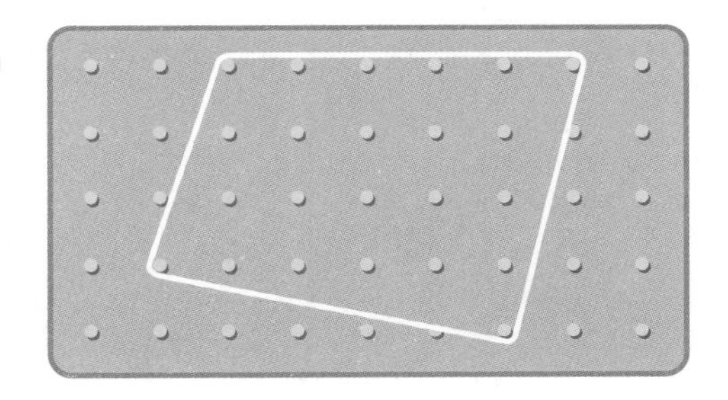

6

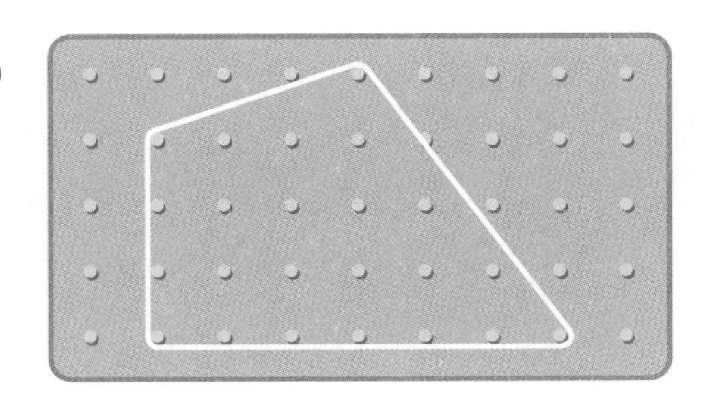

7

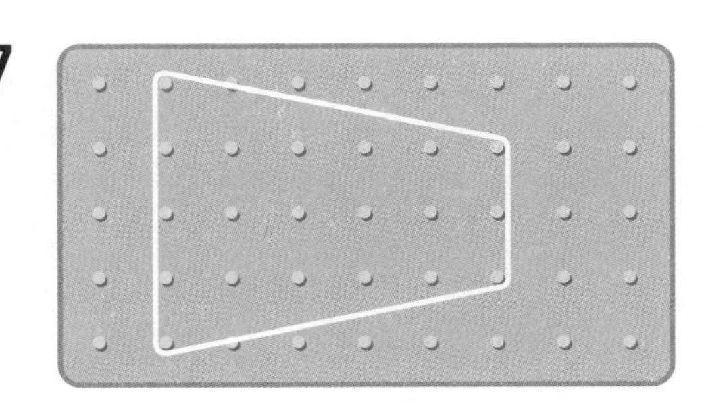

평행사변형 알기

이름 :

날짜 :

시간 : : ~ :

평행사변형의 성질 ①

★ 평행사변형을 보고 ☐ 안에 알맞은 수를 써넣으세요.

평행사변형은 마주 보는 두 변의 길이가 서로 같습니다.

1

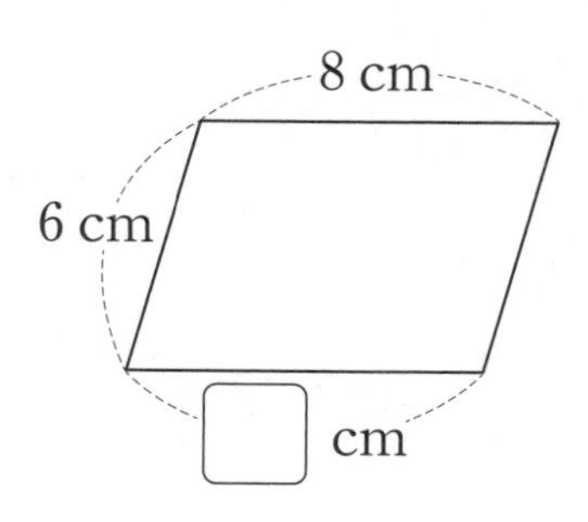

2

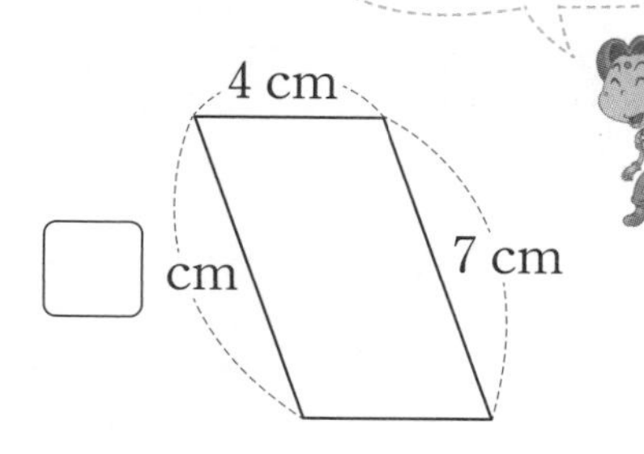

3

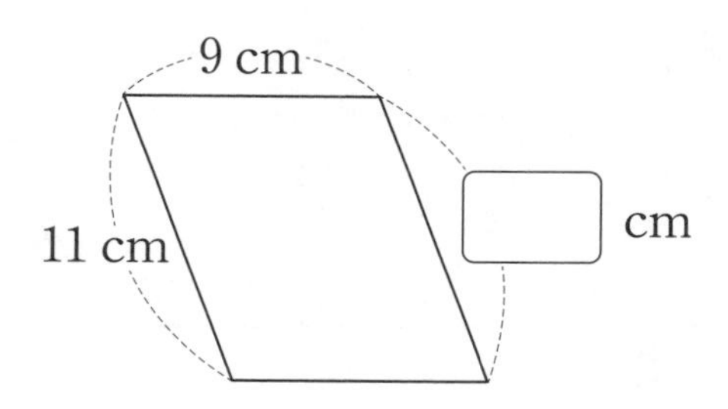

4

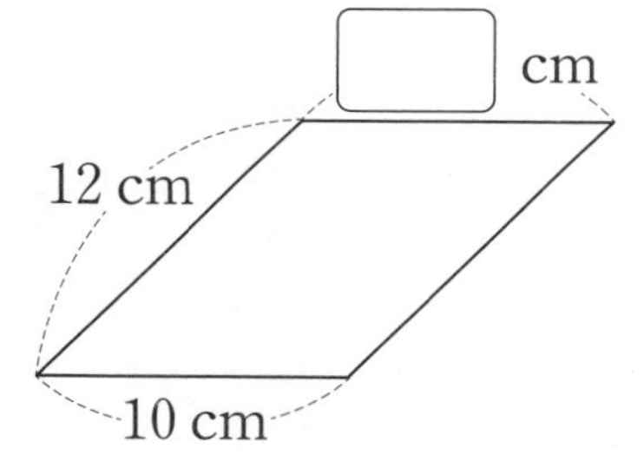

5

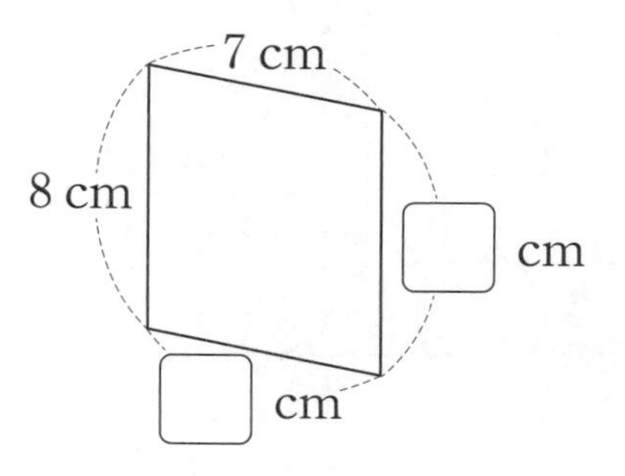

6

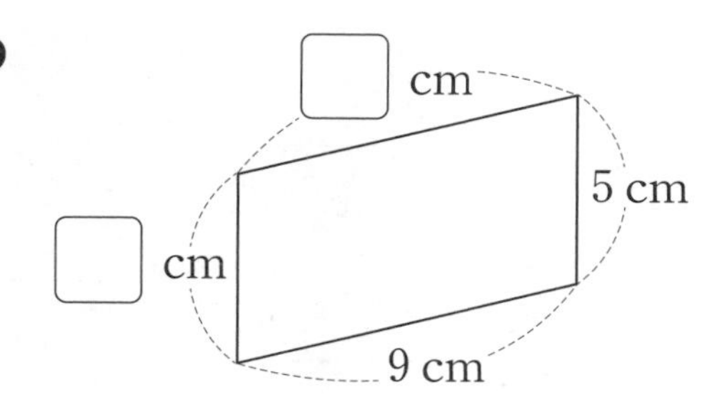

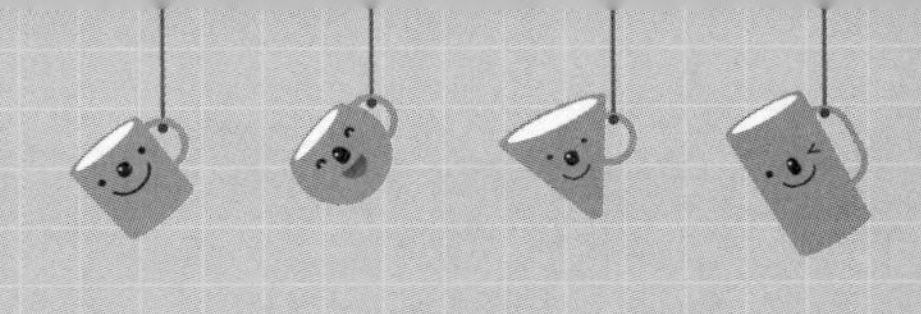

★ 평행사변형을 보고 ▢ 안에 알맞은 수를 써넣으세요.

7

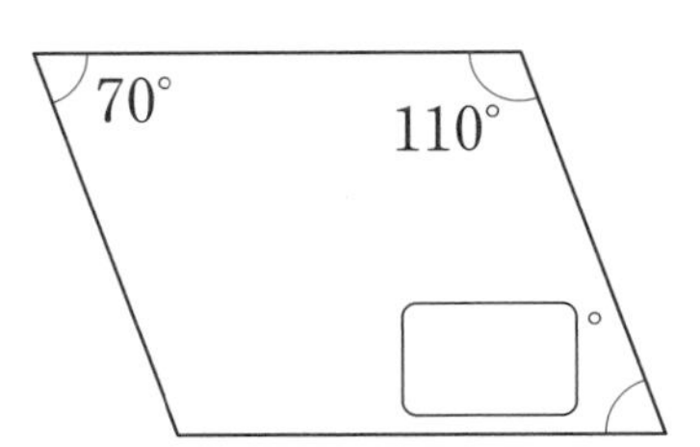

8

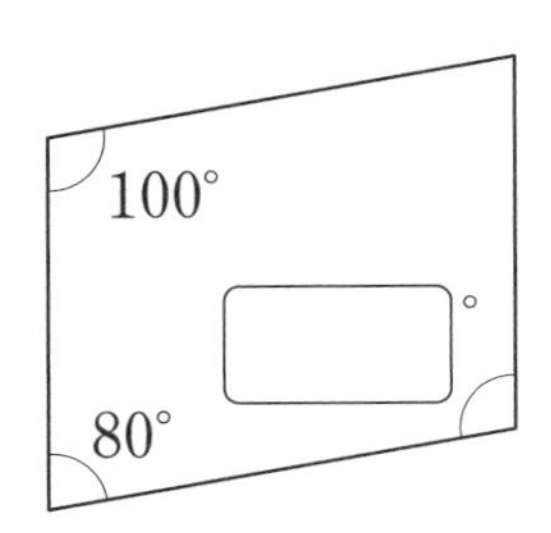

평행사변형은 마주 보는 두 각의 크기가 서로 같습니다.

9

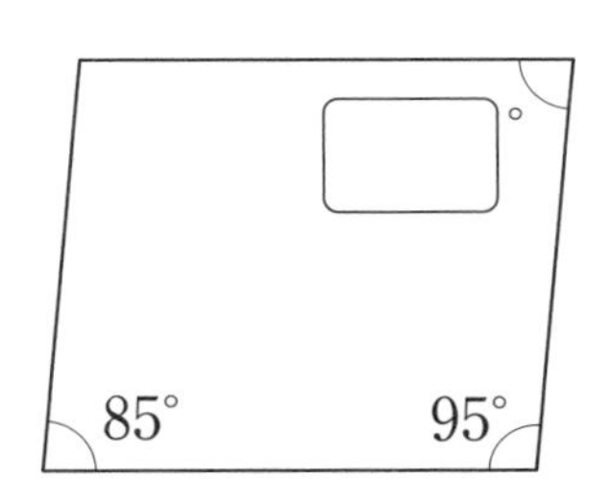

10

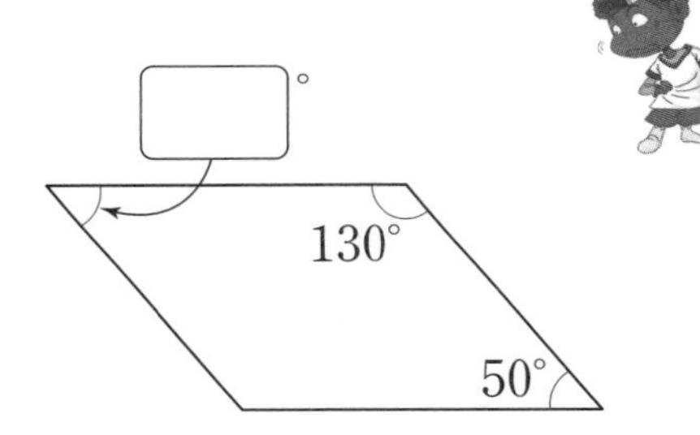

11

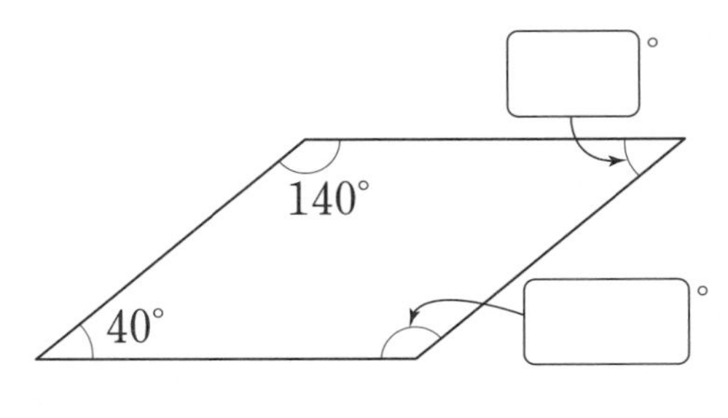

12

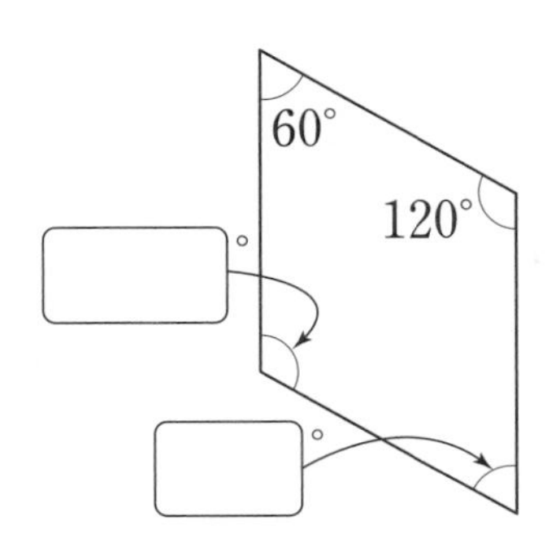

평행사변형 알기

이름 :

날짜 :

시간 : : ~ :

평행사변형의 성질 ②

★ 평행사변형을 보고 ☐ 안에 알맞은 수를 써넣으세요.

1

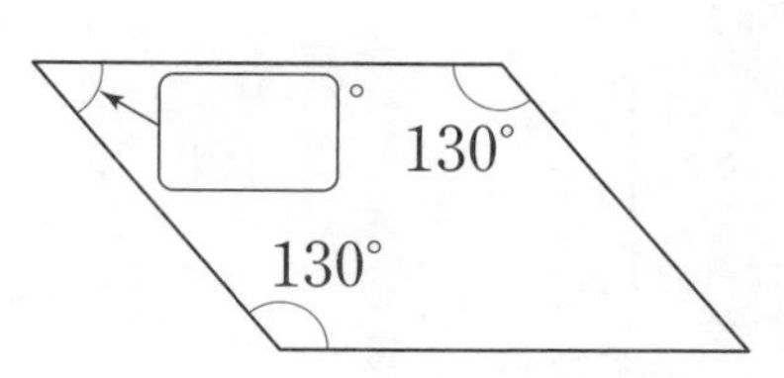

2

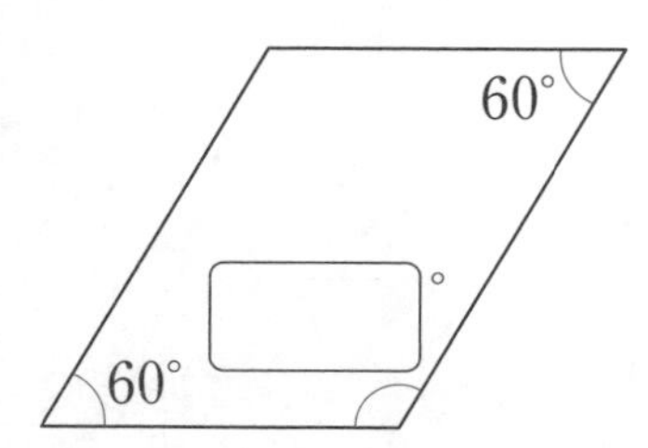

평행사변형에서 서로 이웃한 두 각의 크기의 합은 180°입니다.

3

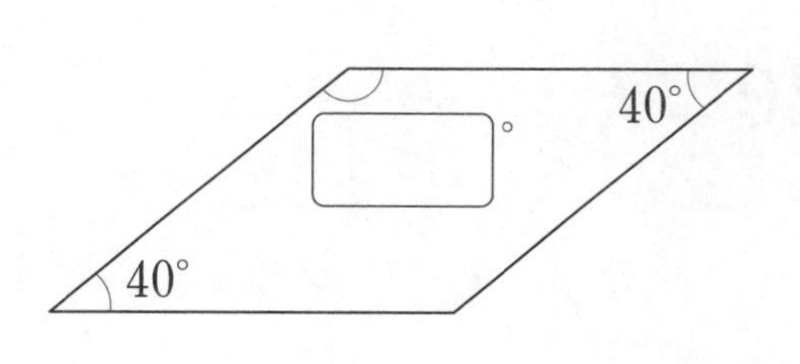

4

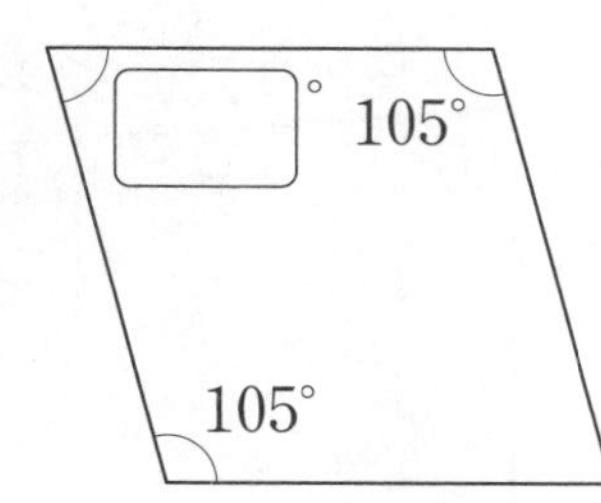

5

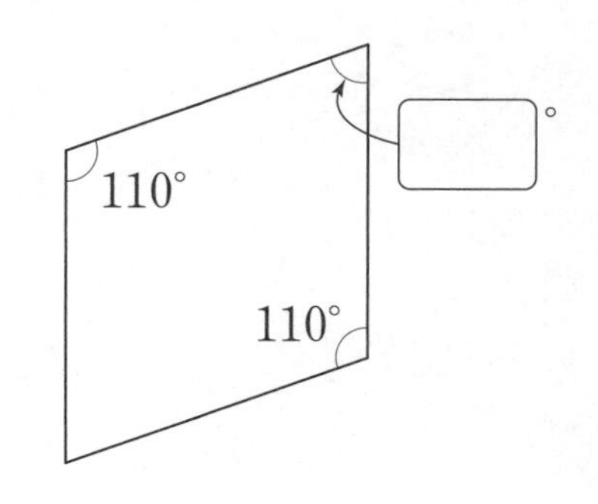

6

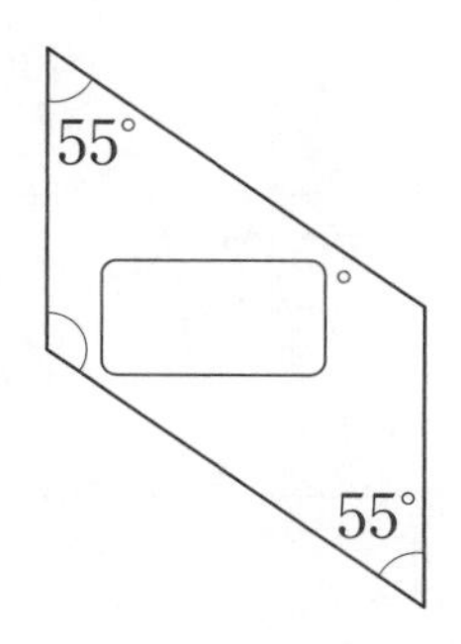

★ 평행사변형을 보고 ☐ 안에 알맞은 수를 써넣으세요.

7

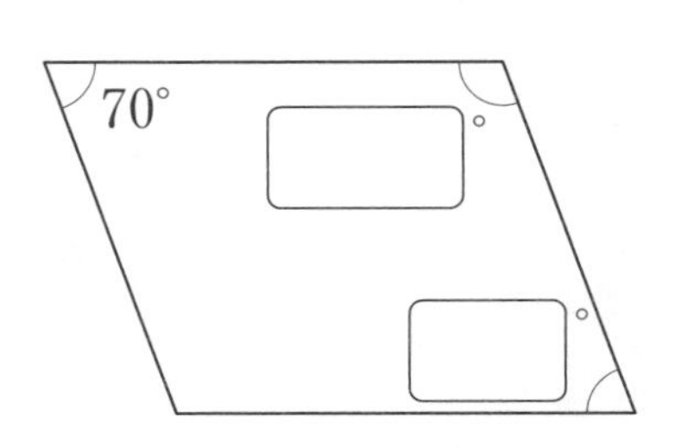

8

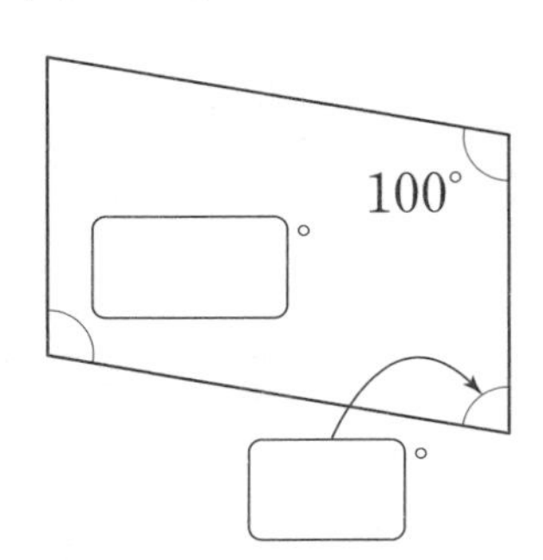

9

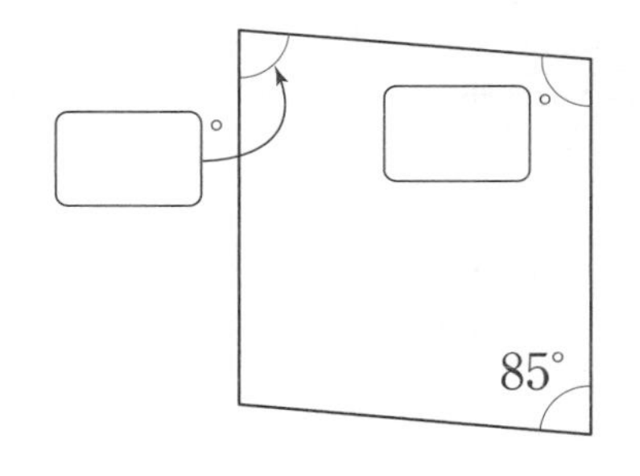

10

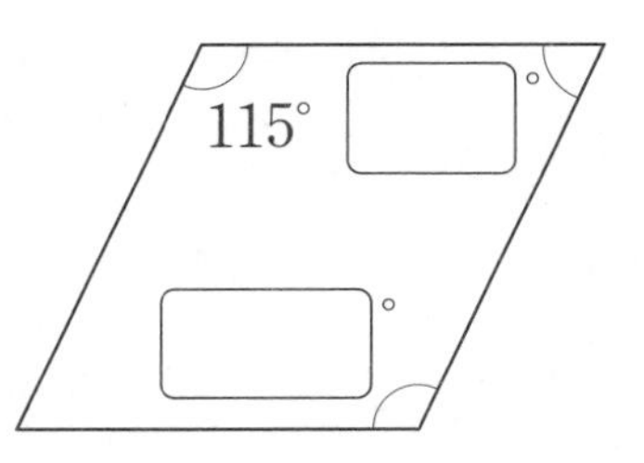

11

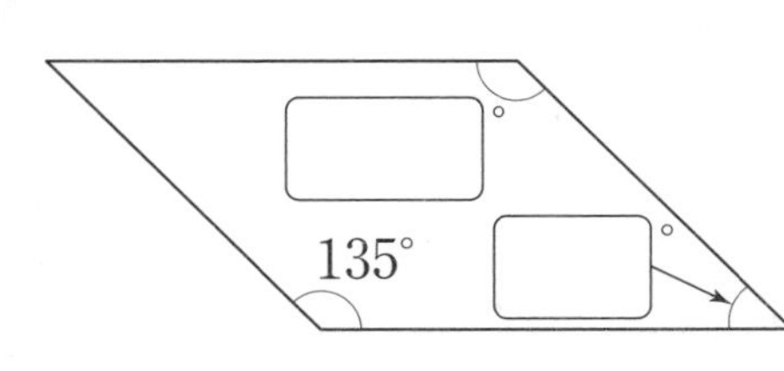

12

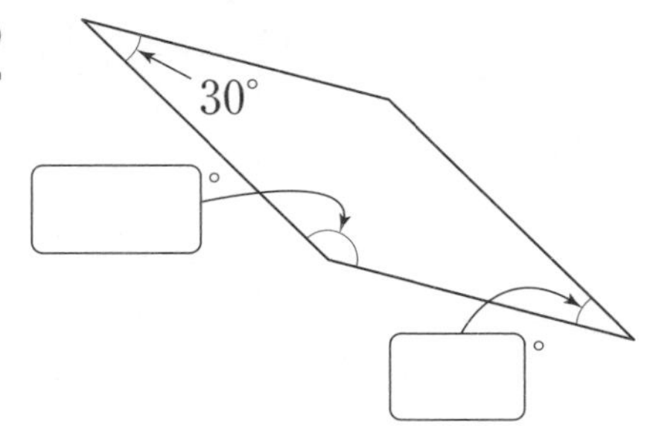

마름모 알기

이름 :
날짜 :
시간 : : ~ :

마름모 찾기 ①

1 변의 길이에 따라 사각형을 분류해 보세요.

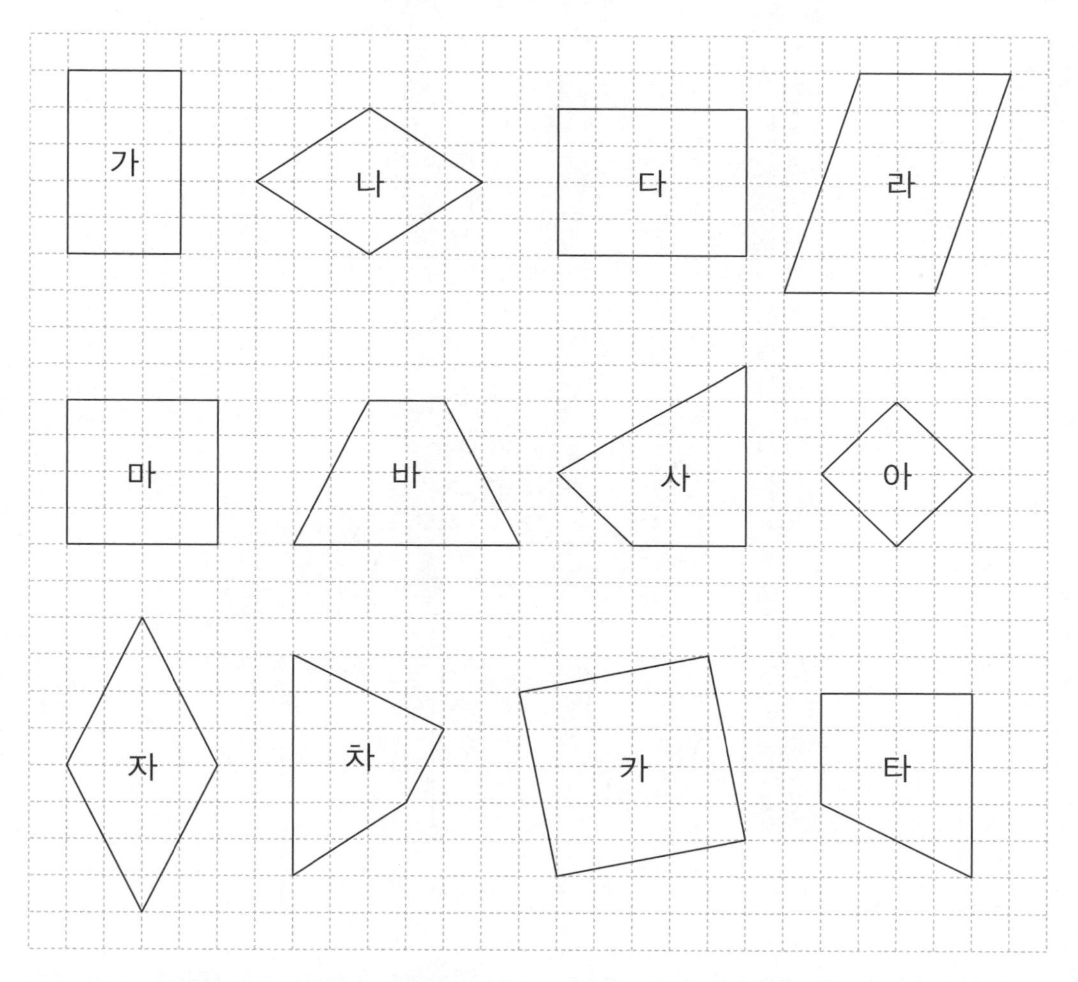

네 변의 길이가 모두 같은 것은 아닙니다.	네 변의 길이가 모두 같습니다.

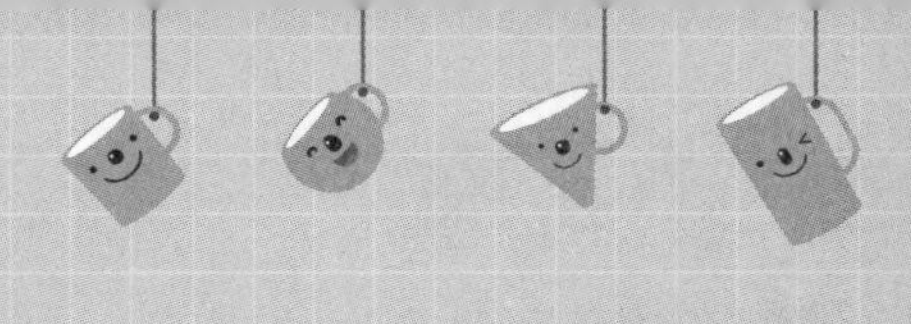

2 변의 길이에 따라 사각형을 분류해 보세요.

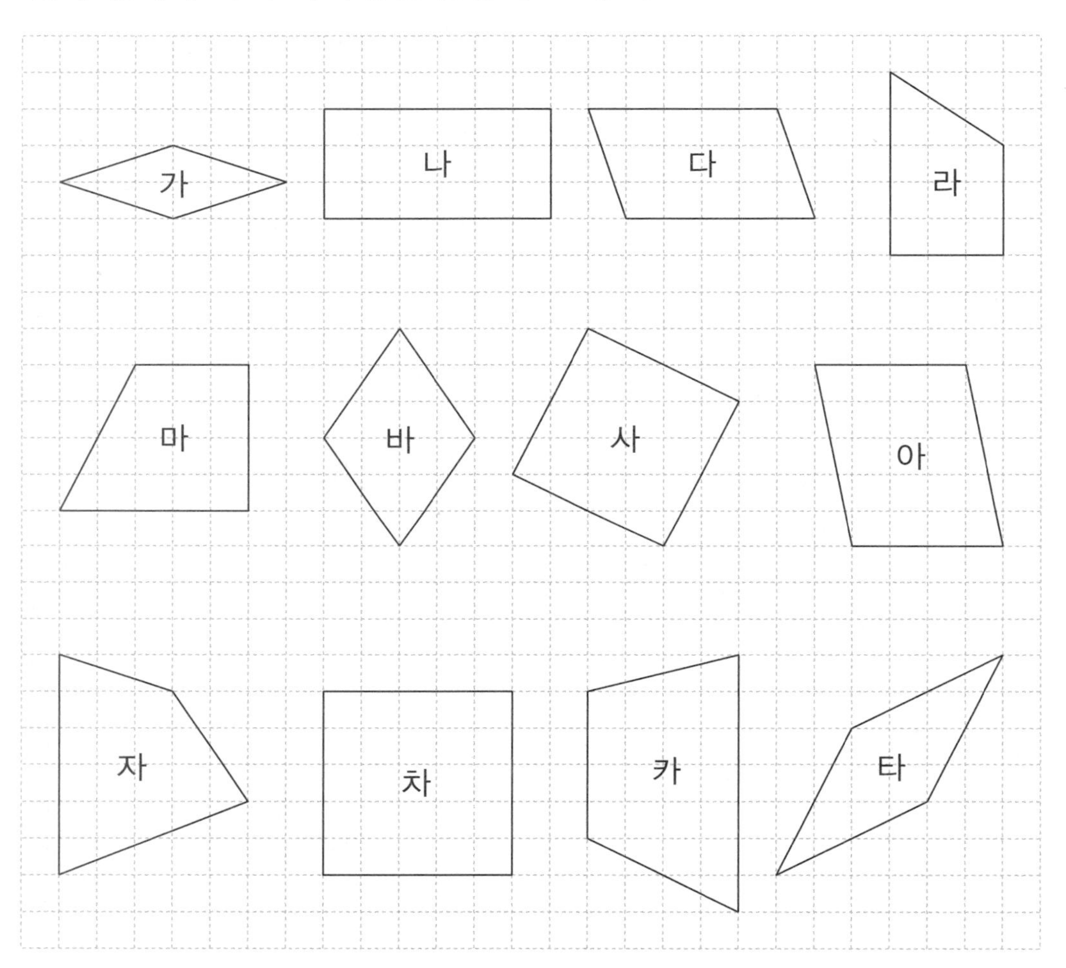

네 변의 길이가 모두 같은 것은 아닙니다.	네 변의 길이가 모두 같습니다.

마름모 알기

이름 :
날짜 :
시간 : : ~ :

마름모 찾기 ②

★ 마름모를 모두 찾아 기호를 쓰세요.

1

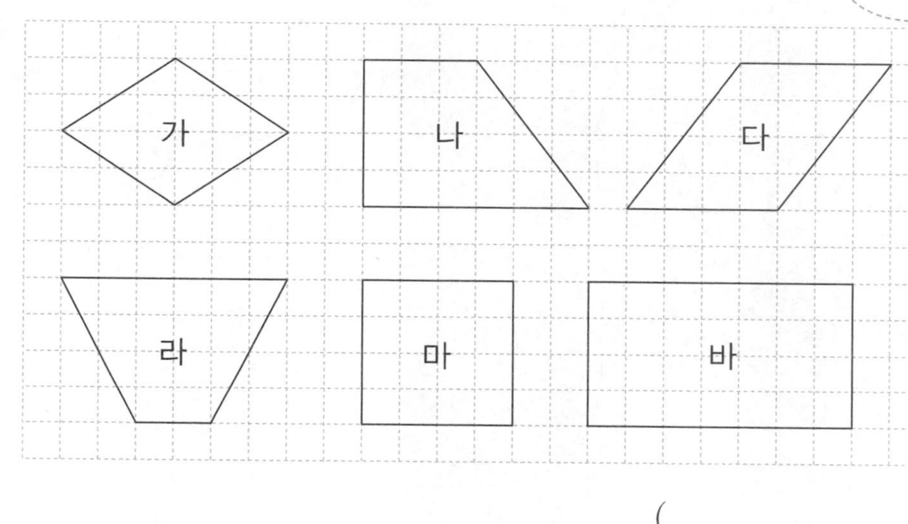

( )

2

가 나 다 라 마 바

( )

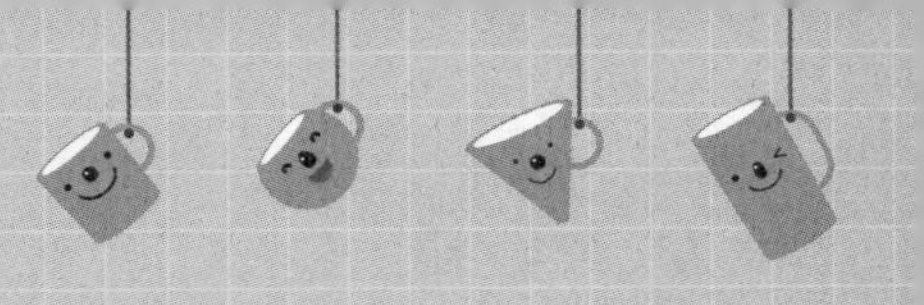

★ 마름모를 모두 찾아 기호를 쓰세요.

3

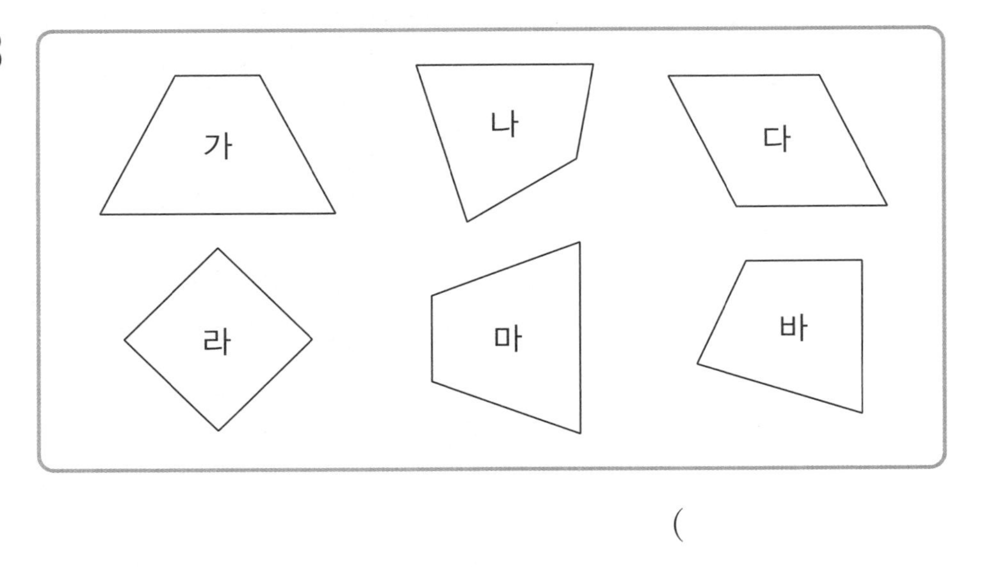

( )

4

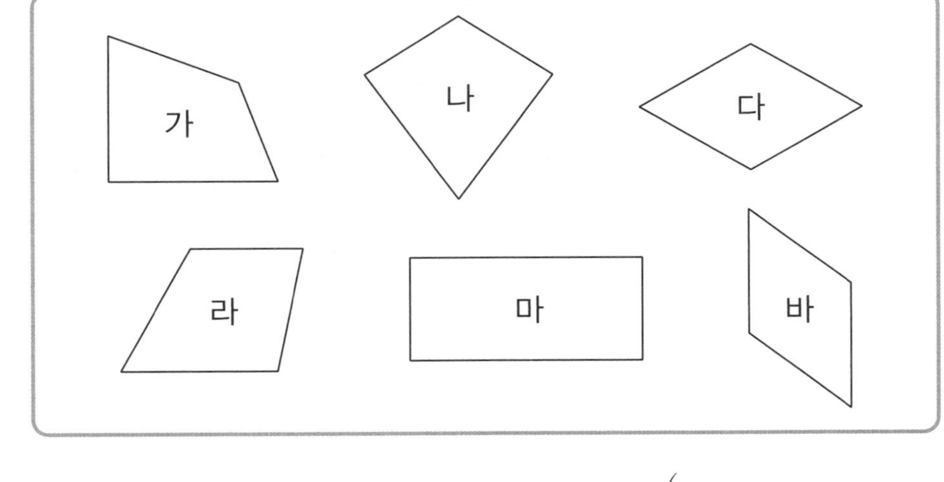

( )

이름 :
날짜 :
시간 : : ~ :

마름모 알기

마름모 완성하기

1 주어진 선분을 이용하여 마름모를 완성해 보세요.

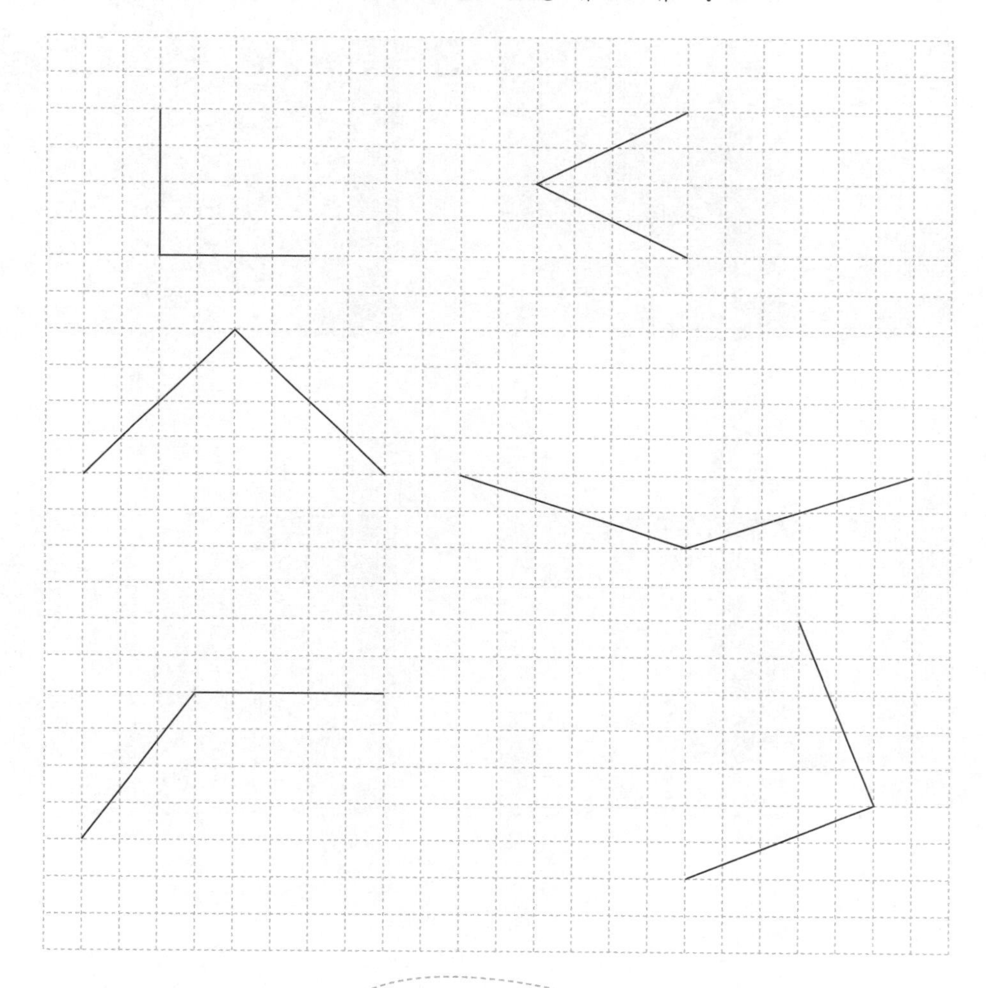

주어진 선분을 이용하여
네 변의 길이가 모두 같은
사각형을 그립니다.

★ 도형판에서 꼭짓점 한 개만 옮겨서 마름모를 만들어 보세요.

2

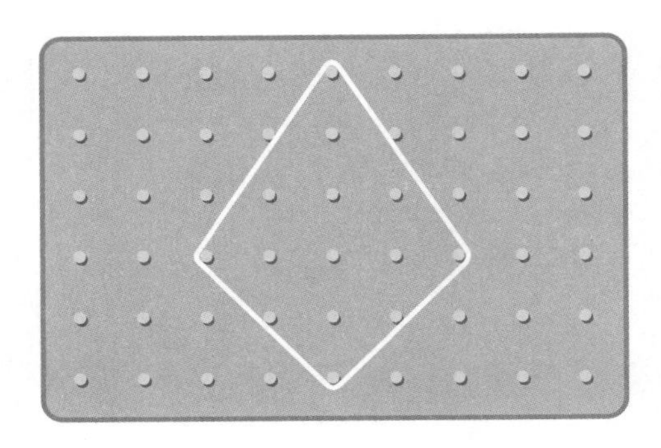

3

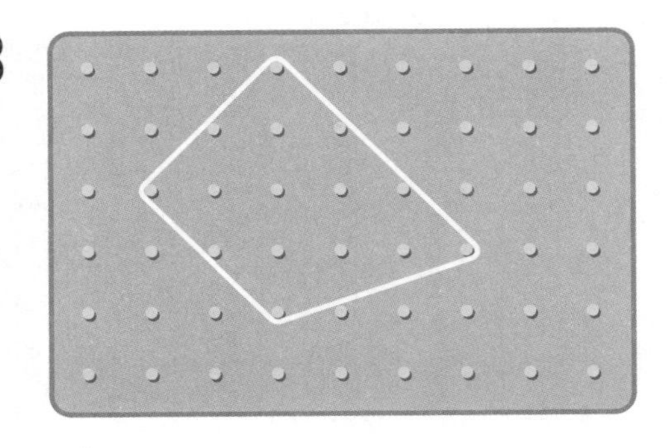

4

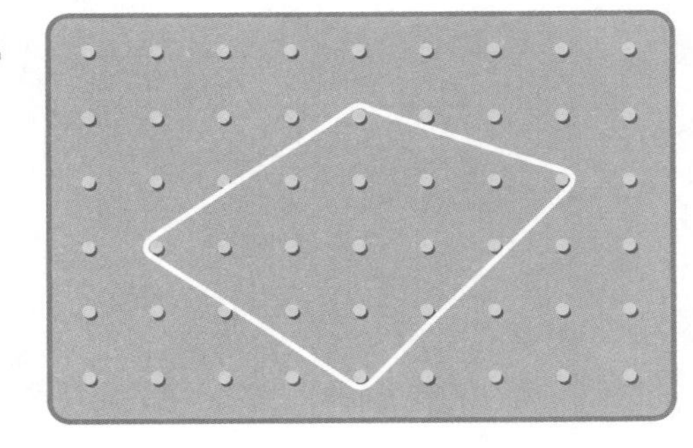

5

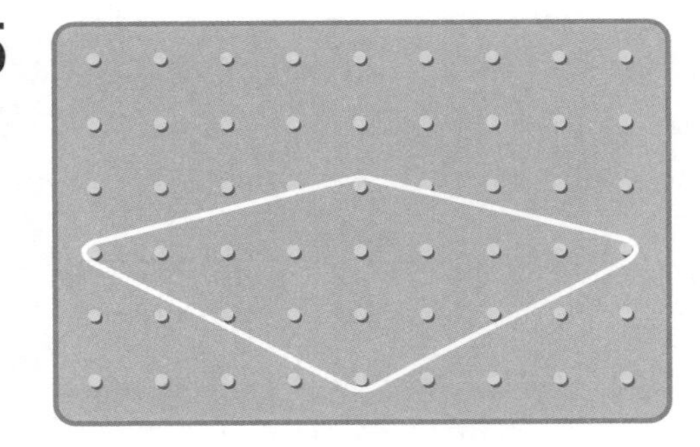

6

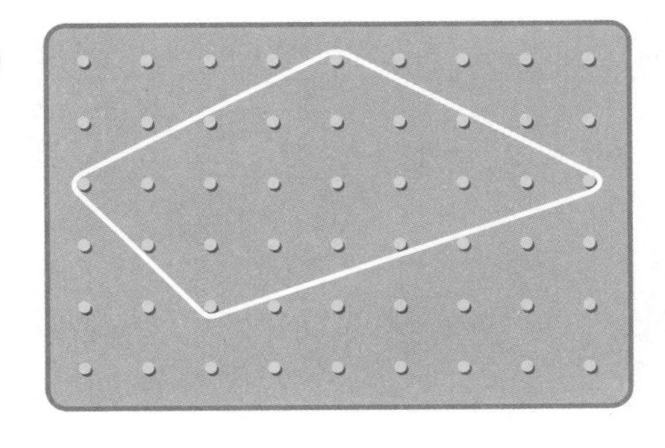

7

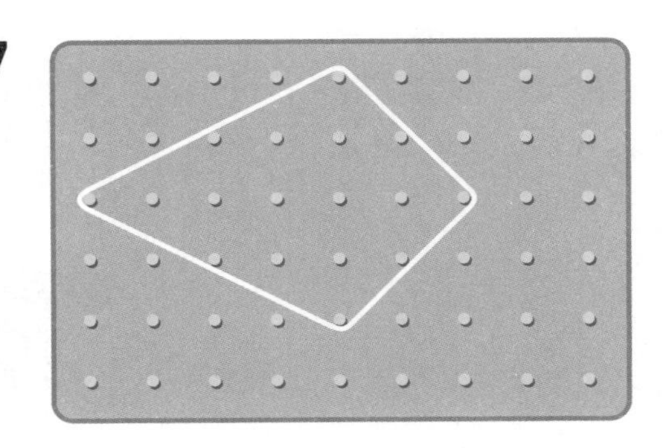

마름모 알기

마름모의 성질 ①

★ 마름모를 보고 ☐ 안에 알맞은 수를 써넣으세요.

1

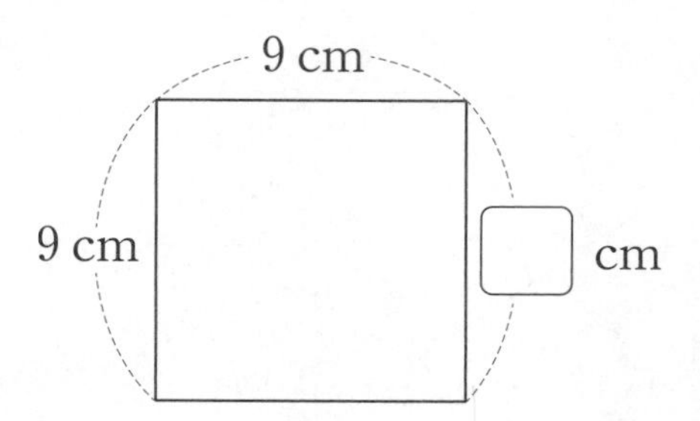

2

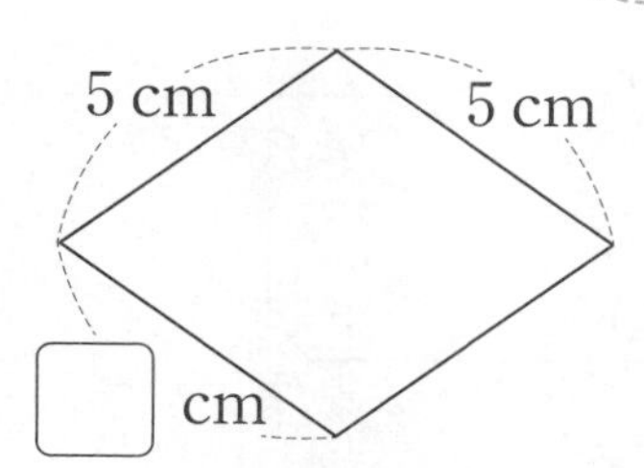

3

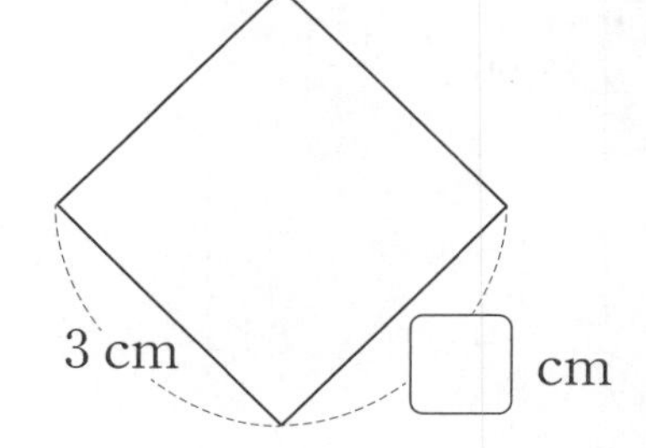

4

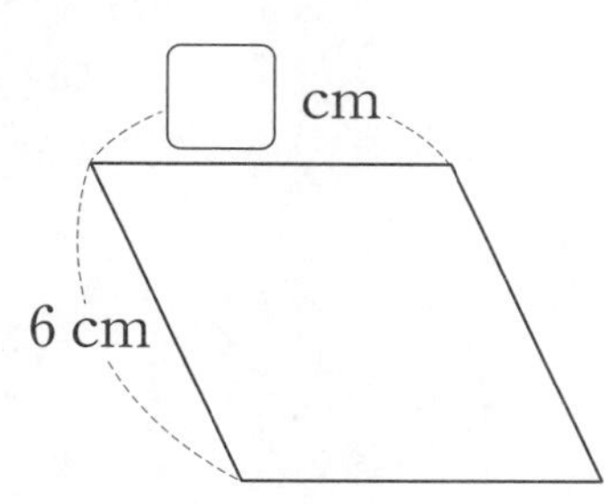

5

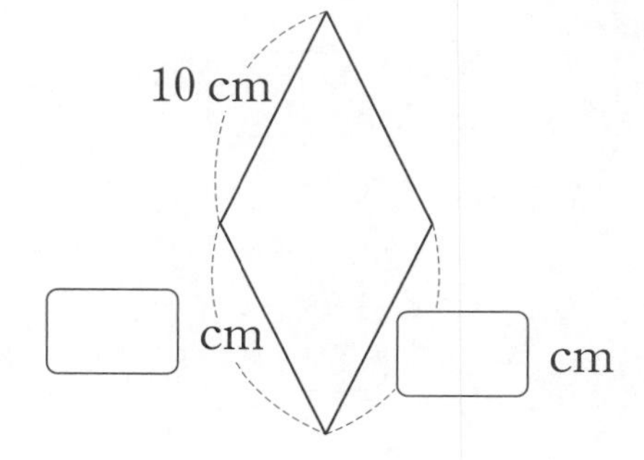

6

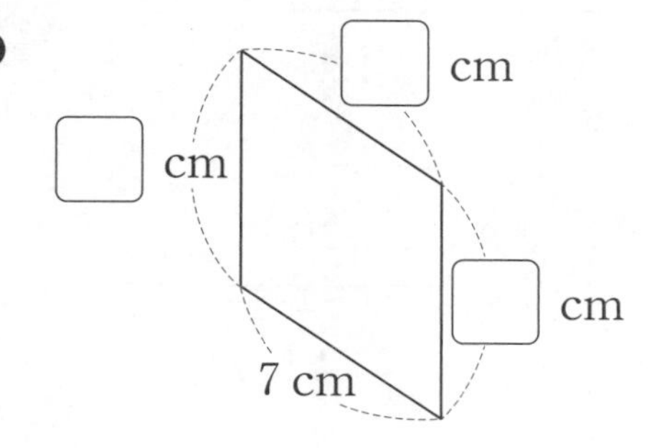

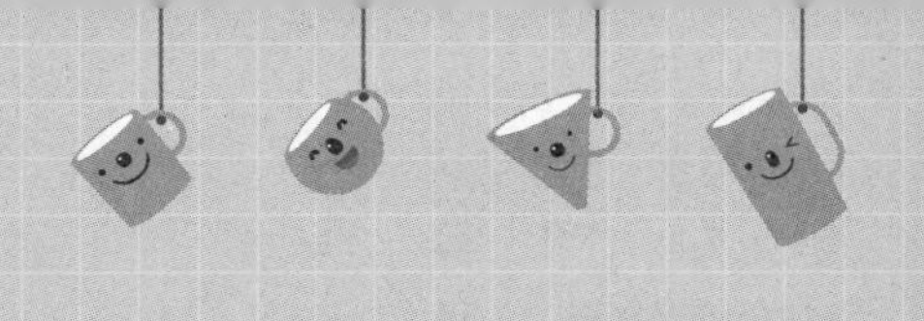

★ 마름모를 보고 ☐ 안에 알맞은 수를 써넣으세요.

마름모는 마주 보는 두 각의 크기가 서로 같습니다.

7

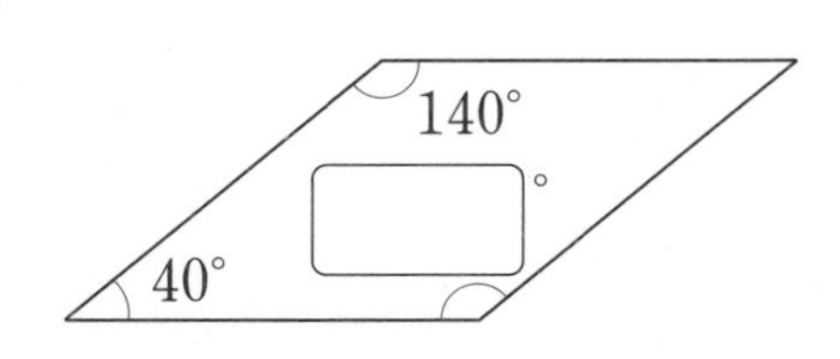

8

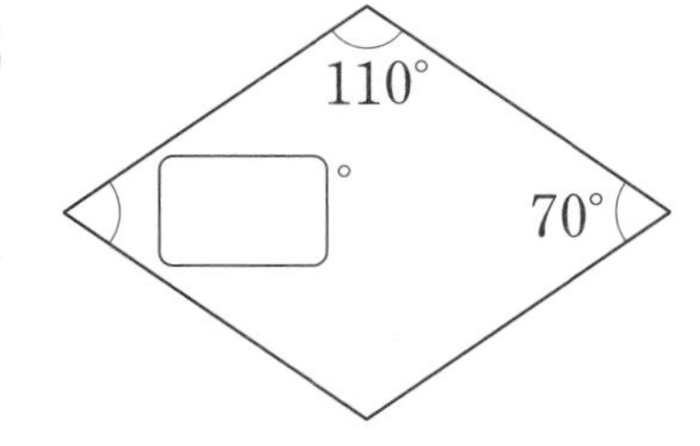

9

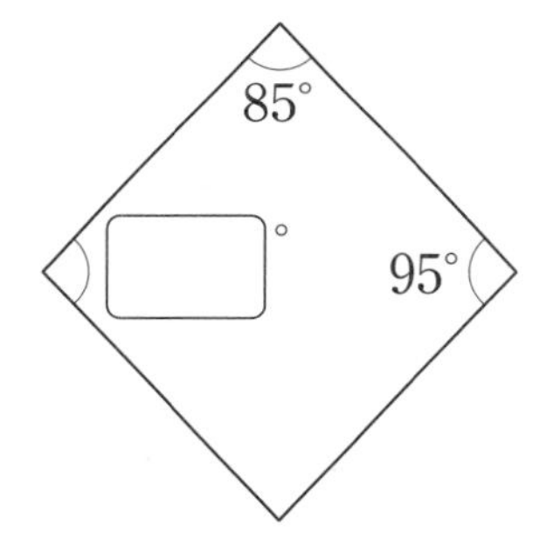

10

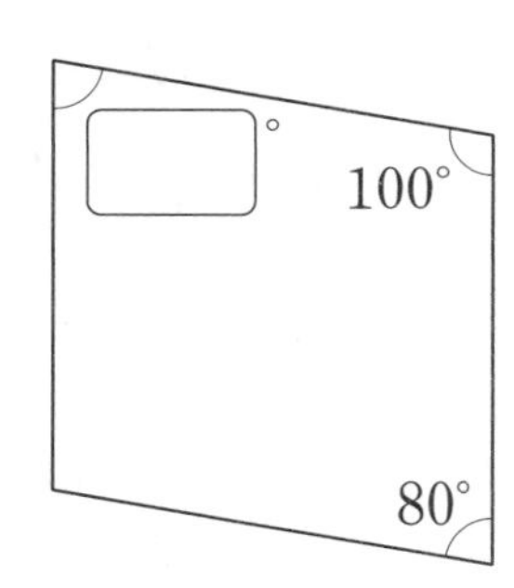

11

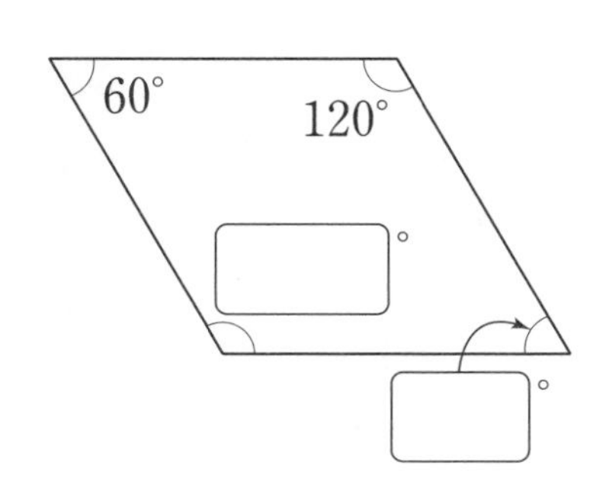

12

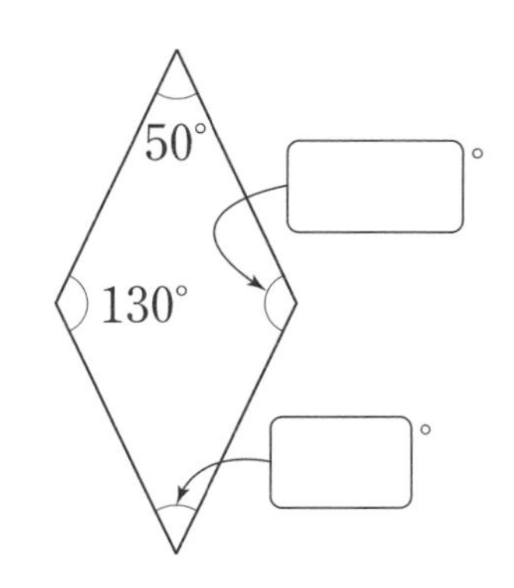

이름 :
날짜 :
시간 : : ~ :

마름모 알기

마름모의 성질 ②

★ 마름모를 보고 ▢ 안에 알맞은 수를 써넣으세요.

마름모에서 서로 이웃한 두 각의 크기의 합은 180°입니다.

1

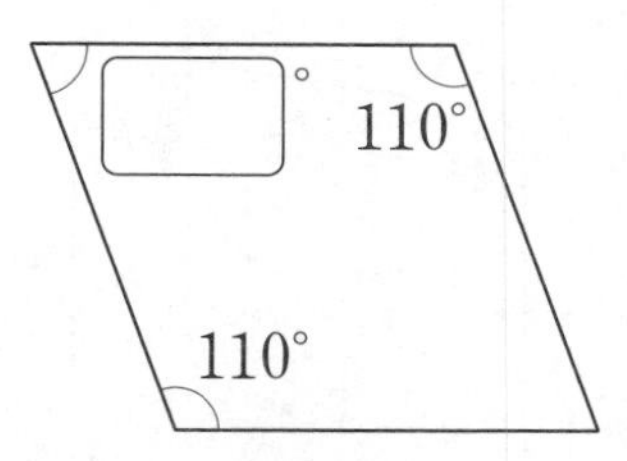

2

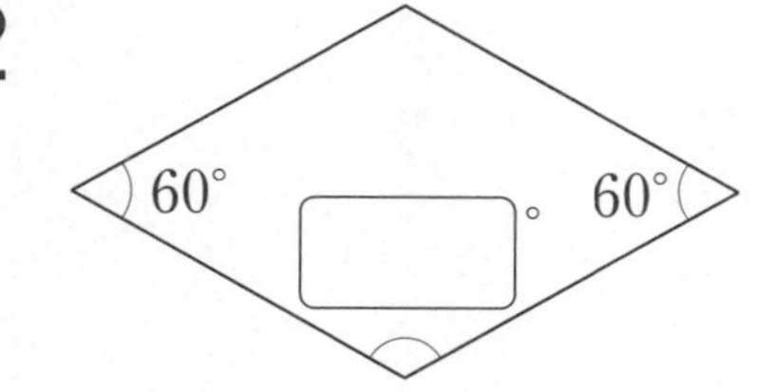

3

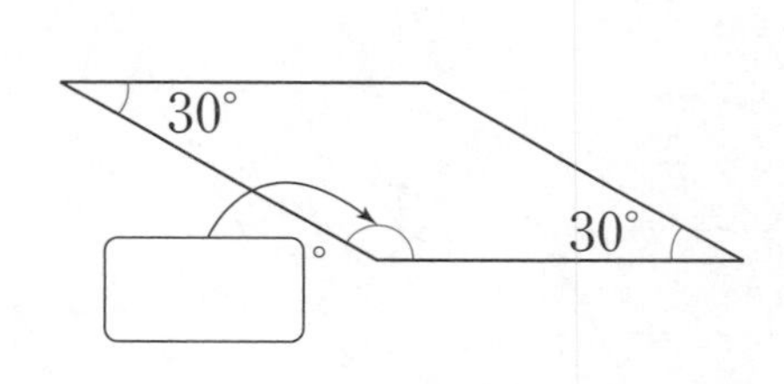

4

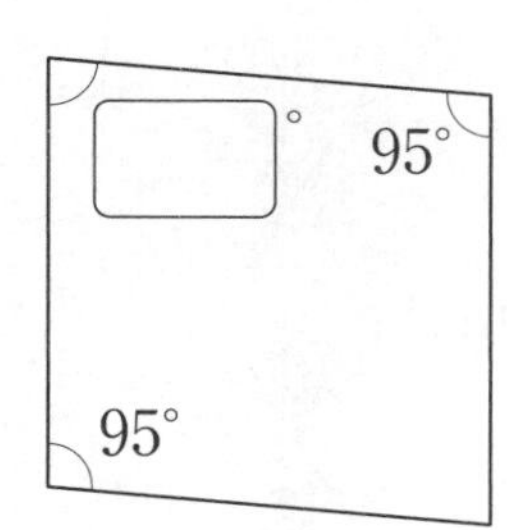

5

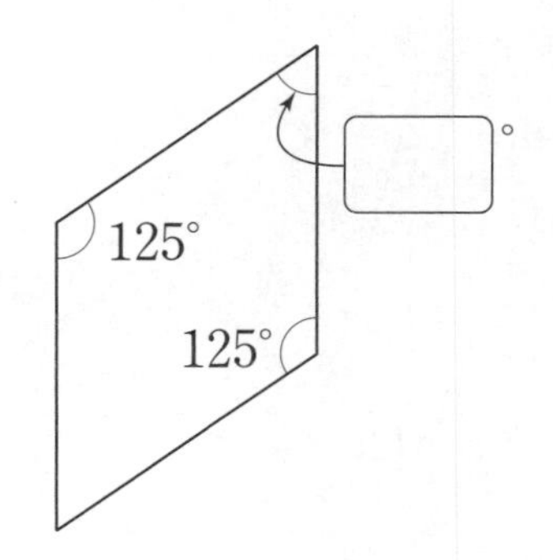

6

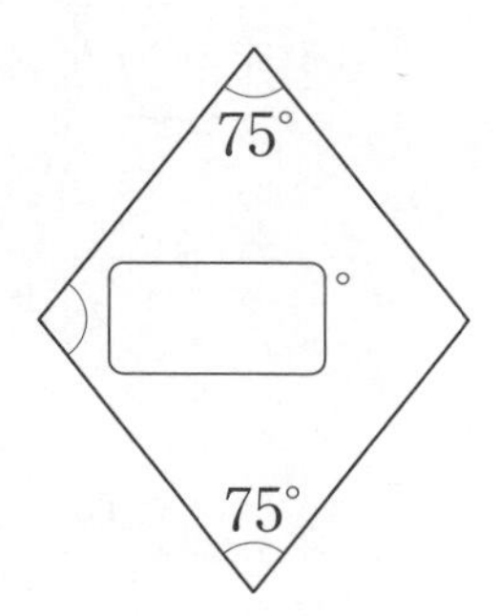

★ 마름모를 보고 ▢ 안에 알맞은 수를 써넣으세요.

7

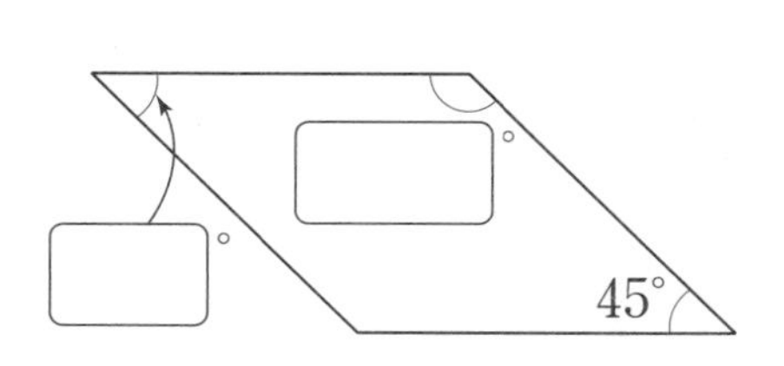

8

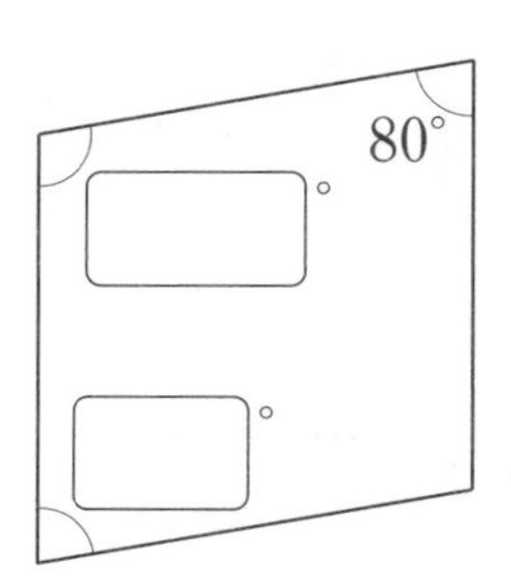

9

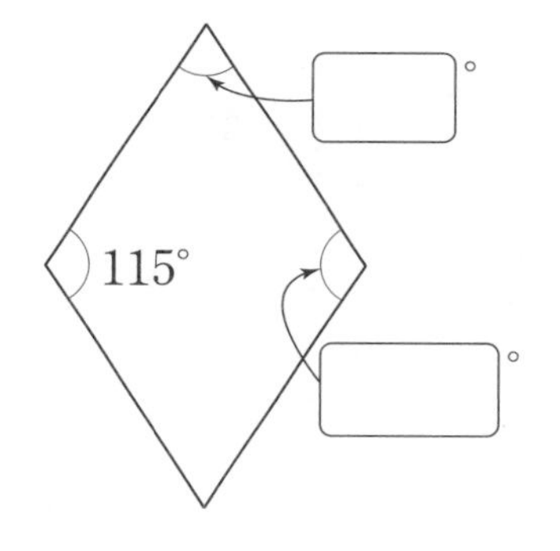

10

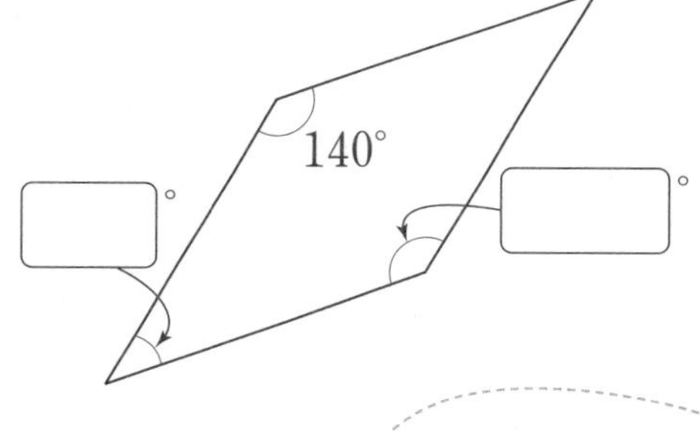

11

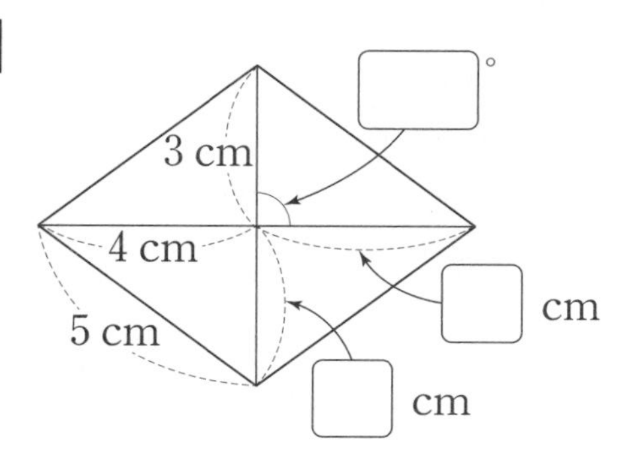

12

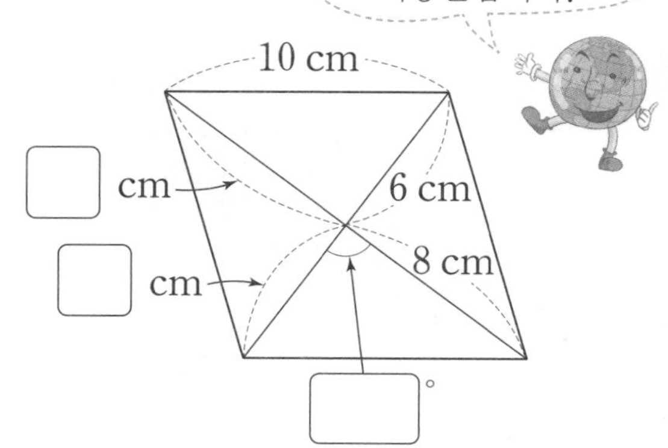

직사각형, 정사각형 알기

이름 :
날짜 :
시간 : : ~ :

직사각형, 정사각형 찾기

1 직사각형과 정사각형을 모두 찾아 직사각형에는 '직', 정사각형에는 '정'이라고 써 보세요.

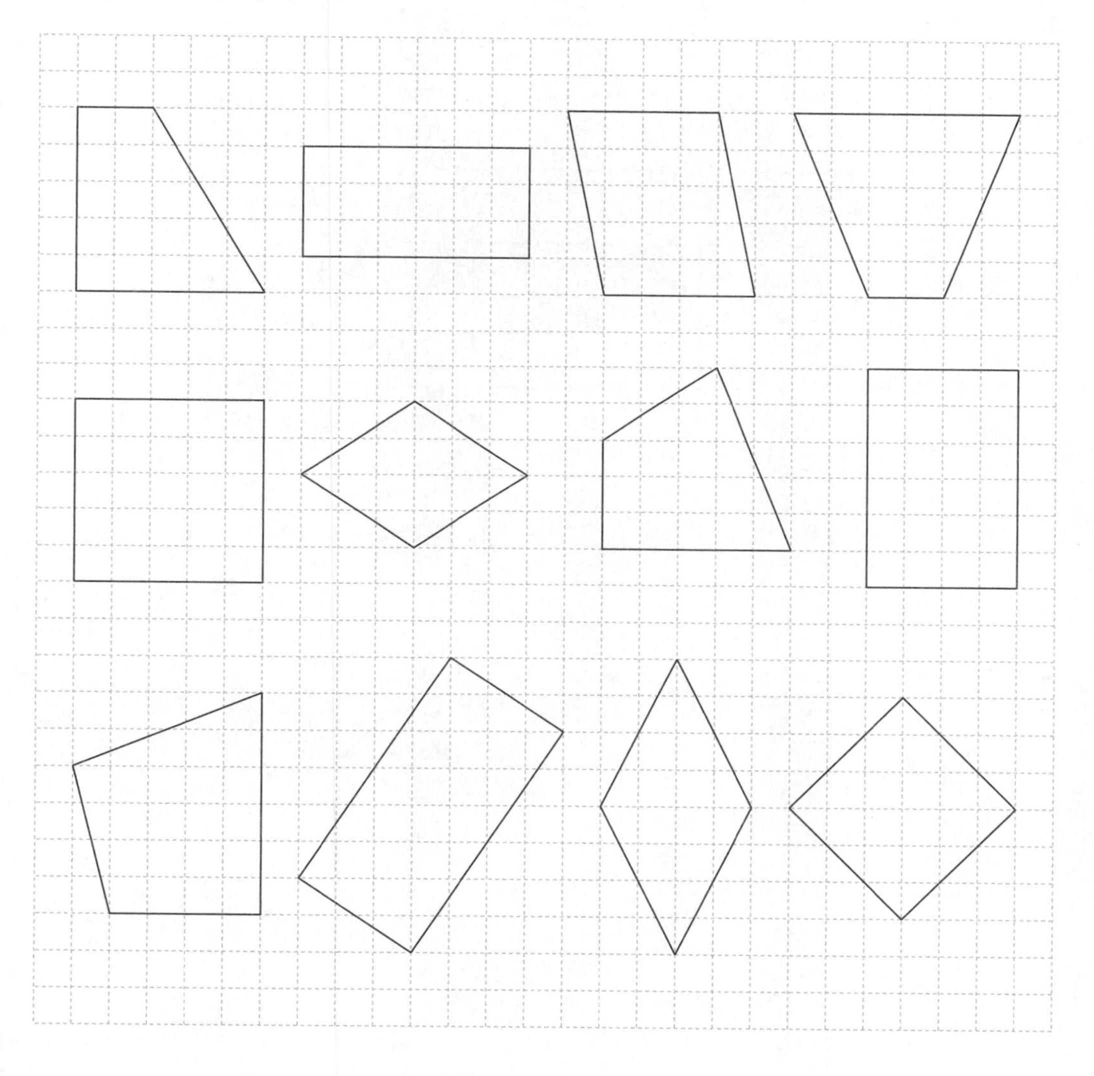

★ 직사각형과 정사각형을 모두 찾아 기호를 쓰세요.

2

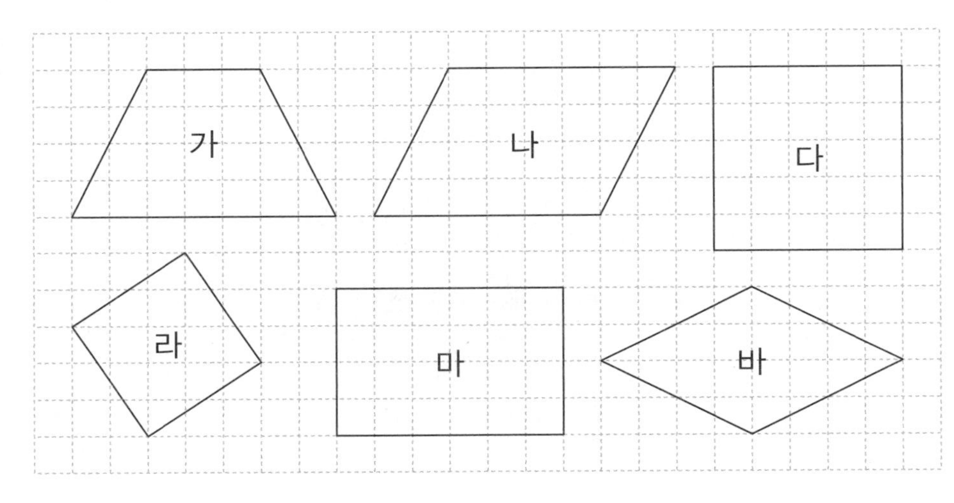

직사각형 (　　　　　　　　　　)

정사각형 (　　　　　　　　　　)

3

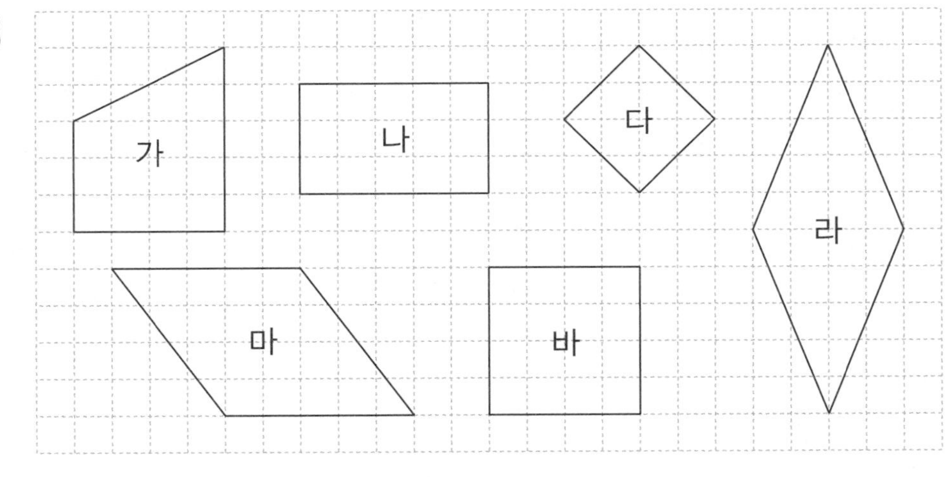

직사각형 (　　　　　　　　　　)

정사각형 (　　　　　　　　　　)

15a

이름 :
날짜 :
시간 : : ~ :

직사각형, 정사각형 알기

직사각형, 정사각형의 성질

★ 바르게 설명한 것은 ○표, 잘못 설명한 것은 ×표 하세요.

1 직사각형은 마주 보는 두 쌍의 변이 서로 평행합니다. ············ (　　　)

2 직사각형은 네 변의 길이가 모두 같습니다. ············ (　　　)

3 직사각형은 네 각이 모두 직각입니다. ············ (　　　)

4 직사각형은 마름모입니다. ············ (　　　)

5 정사각형은 마주 보는 두 쌍의 변이 서로 평행합니다. ············ (　　　)

6 정사각형은 네 변의 길이가 모두 같습니다. ············ (　　　)

7 정사각형은 네 각의 크기가 모두 같습니다. ············ (　　　)

8 정사각형은 직사각형입니다. ············ (　　　)

★ 직사각형입니다. ▢ 안에 알맞은 수를 써넣으세요.

9

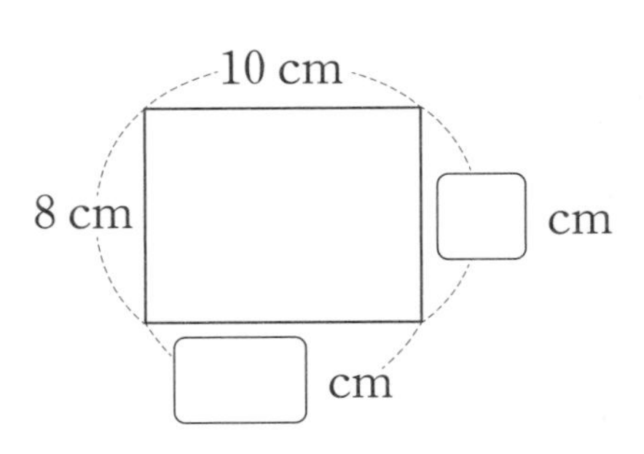

10

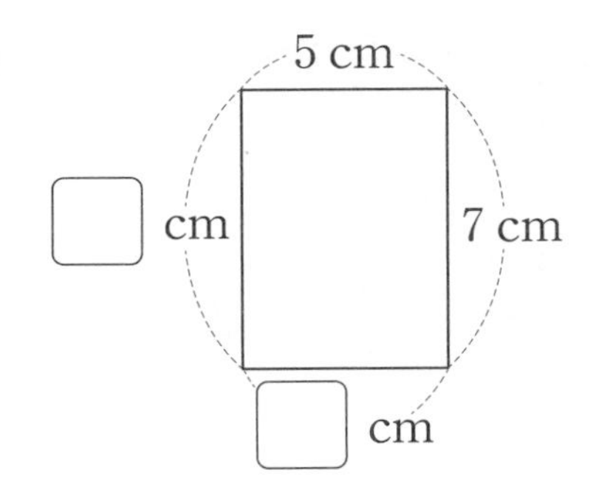

11

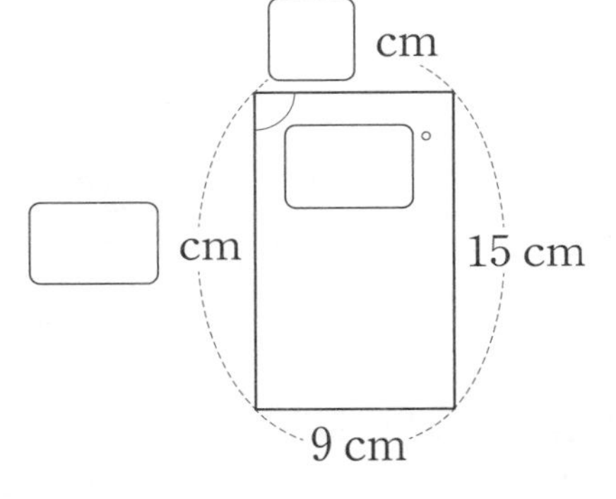

12

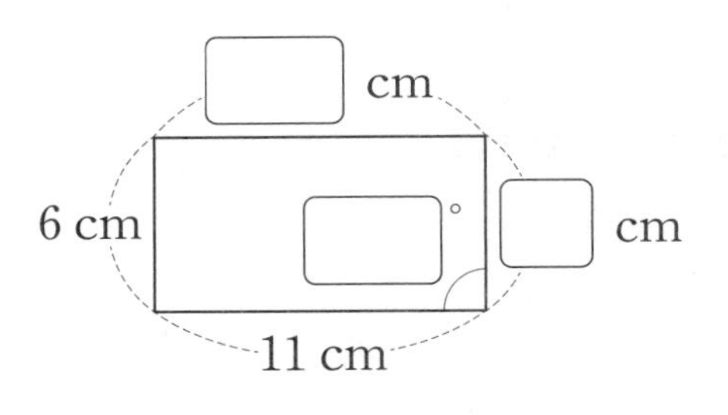

★ 정사각형입니다. ▢ 안에 알맞은 수를 써넣으세요.

13

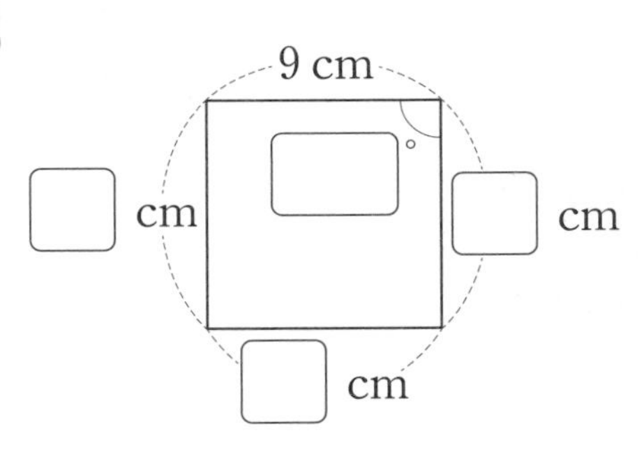

14

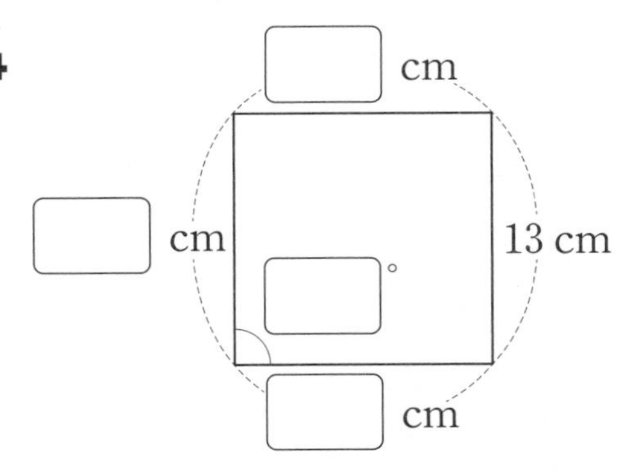

여러 가지 사각형 알기

이름 :
날짜 :
시간 : : ~ :

도형 조각을 보고 알맞은 도형 찾기

1 직사각형 모양의 종이띠를 선을 따라 잘랐을 때, 잘라낸 도형들 중 사다리꼴을 모두 찾아 기호를 쓰세요.

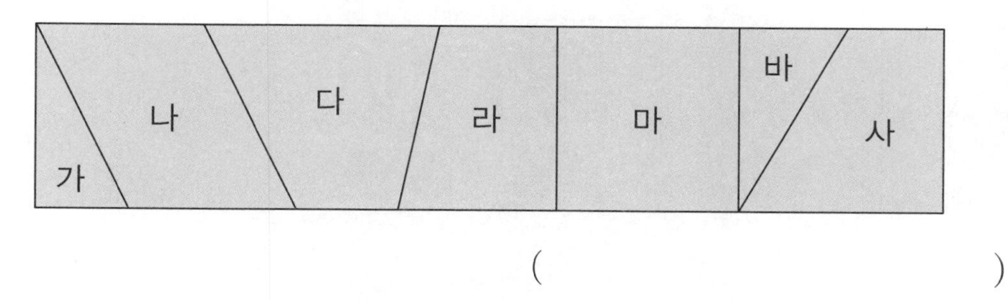

( )

2 직사각형 모양의 종이띠를 선을 따라 잘랐을 때, 잘라낸 도형들 중 평행사변형을 모두 찾아 기호를 쓰세요.

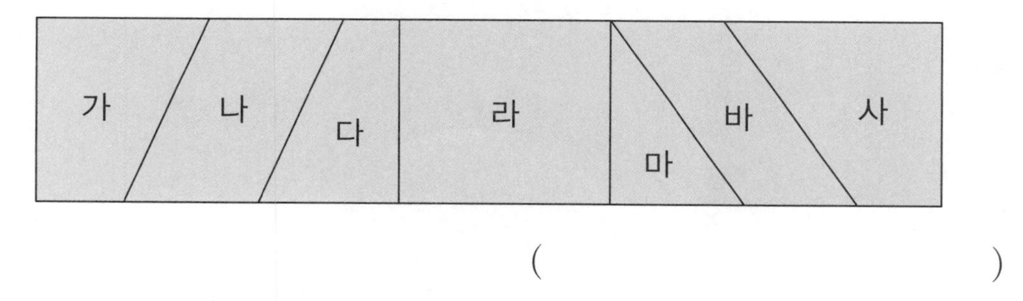

( )

3 직사각형 모양의 종이띠를 선을 따라 잘랐을 때, 잘라낸 도형들 중 직사각형을 모두 찾아 기호를 쓰세요.

가 나 다 라 마 바 사

( )

4 직사각형 모양의 종이띠를 선을 따라 잘랐을 때, 잘라낸 도형들 중 사다리꼴은 모두 몇 개인가요?

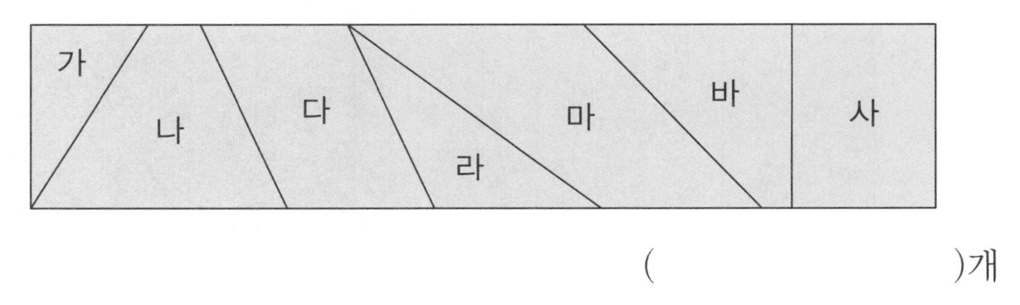

( )개

5 직사각형 모양의 종이띠를 선을 따라 잘랐을 때, 잘라낸 도형들 중 평행사변형은 모두 몇 개인가요?

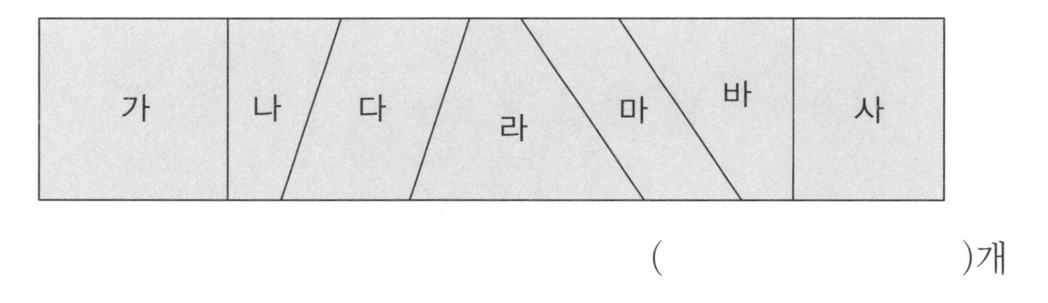

( )개

6 직사각형 모양의 종이띠를 선을 따라 잘랐을 때, 잘라낸 도형들 중 직사각형은 모두 몇 개인가요?

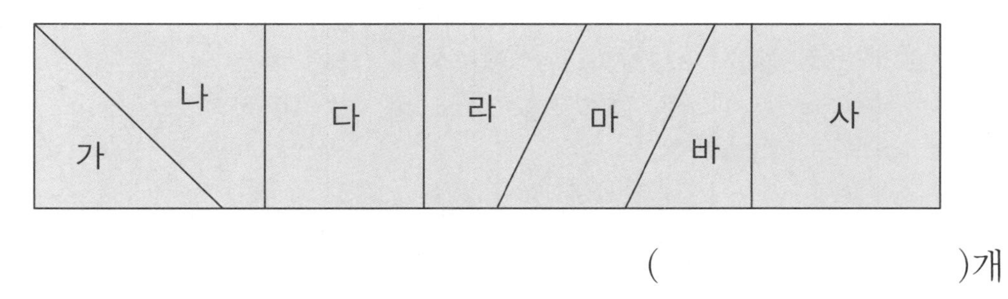

( )개

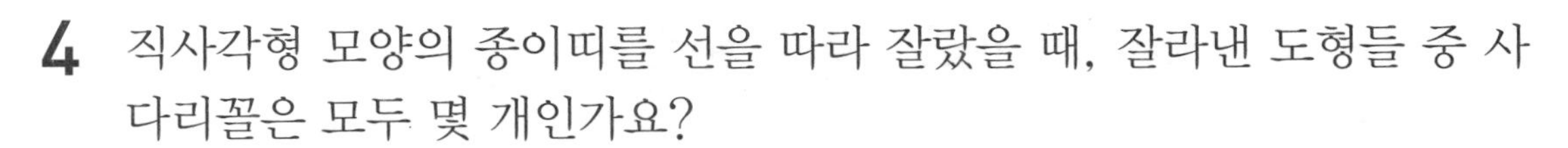

여러 가지 사각형 알기

이름 :
날짜 :
시간 :　:　~　:

여러 가지 사각형의 관계 알기

★ 도형의 이름으로 볼 수 있는 것을 모두 찾아 기호를 쓰세요.

1

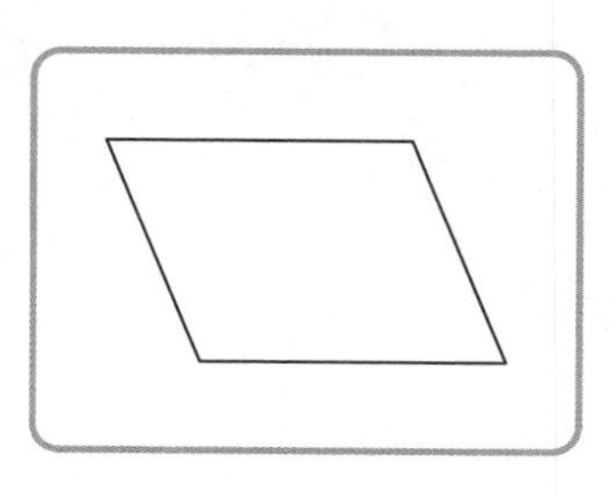

㉠ 사다리꼴　㉡ 평행사변형　㉢ 마름모
㉣ 직사각형　㉤ 정사각형

(　　　　　　)

2

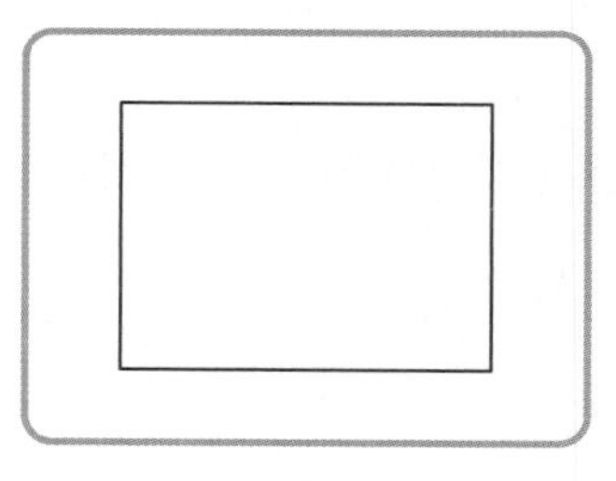

㉠ 사다리꼴　㉡ 평행사변형　㉢ 마름모
㉣ 직사각형　㉤ 정사각형

(　　　　　　)

3

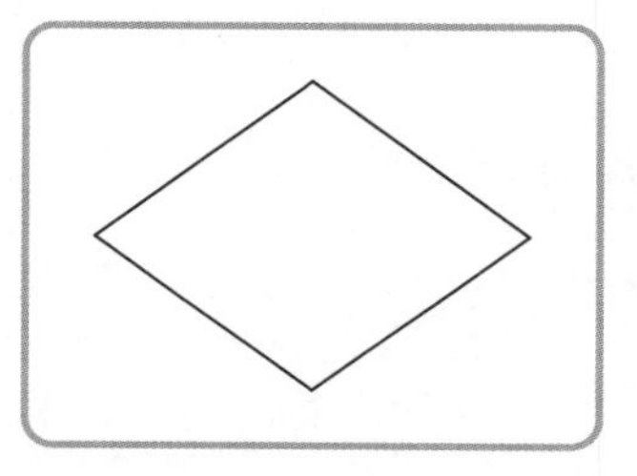

㉠ 사다리꼴　㉡ 평행사변형　㉢ 마름모
㉣ 직사각형　㉤ 정사각형

(　　　　　　)

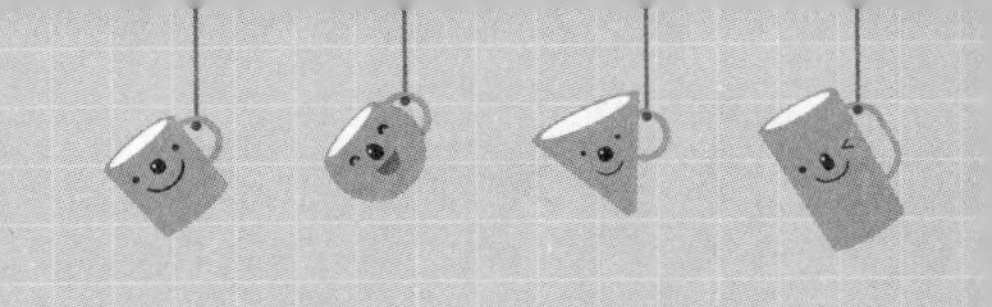

★ 도형의 이름으로 볼 수 없는 것을 모두 찾아 기호를 쓰세요.

4

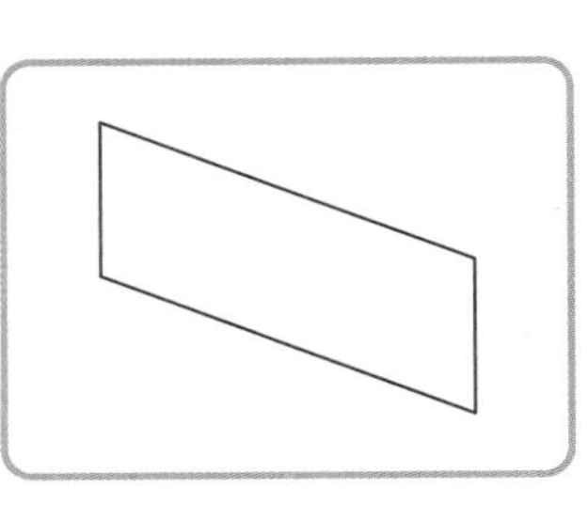

㉠ 사다리꼴 ㉡ 평행사변형 ㉢ 마름모
㉣ 직사각형 ㉤ 정사각형

( )

5

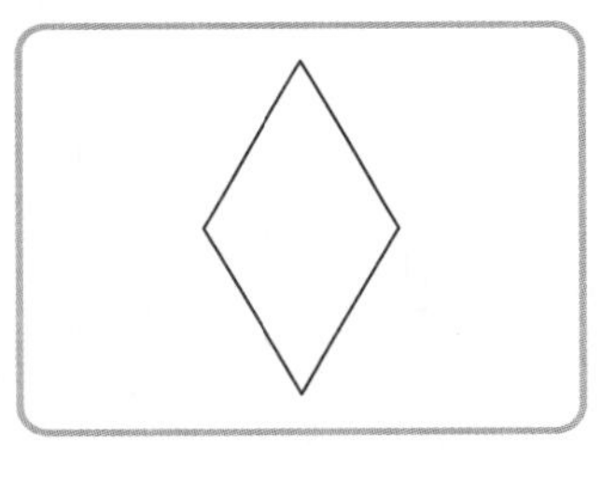

㉠ 사다리꼴 ㉡ 평행사변형 ㉢ 마름모
㉣ 직사각형 ㉤ 정사각형

( )

6

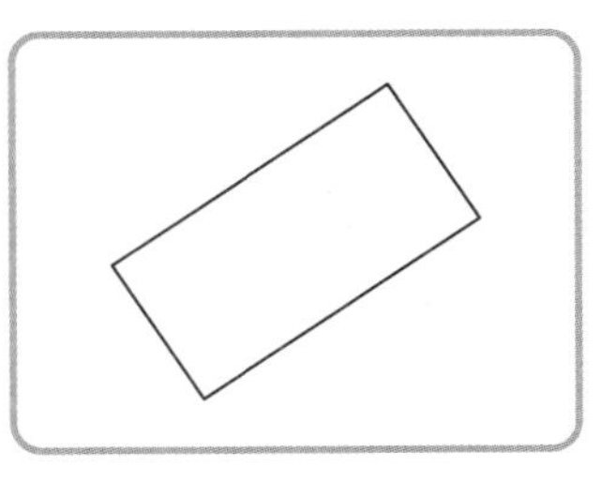

㉠ 사다리꼴 ㉡ 평행사변형 ㉢ 마름모
㉣ 직사각형 ㉤ 정사각형

( )

여러 가지 사각형 알기

이름 :
날짜 :
시간 : : ~ :

여러 가지 사각형 알기

★ 여러 가지 도형을 보고 물음에 답하세요.

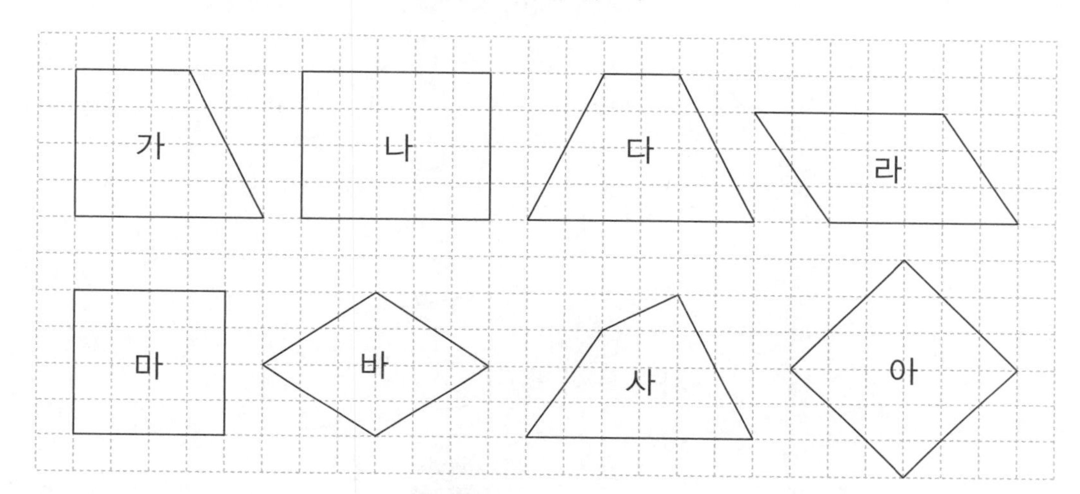

1 사다리꼴을 모두 찾아 기호를 쓰세요.

( )

2 평행사변형을 모두 찾아 기호를 쓰세요.

( )

3 마름모를 모두 찾아 기호를 쓰세요.

( )

4 직사각형을 모두 찾아 기호를 쓰세요.

( )

5 정사각형을 모두 찾아 기호를 쓰세요.

( )

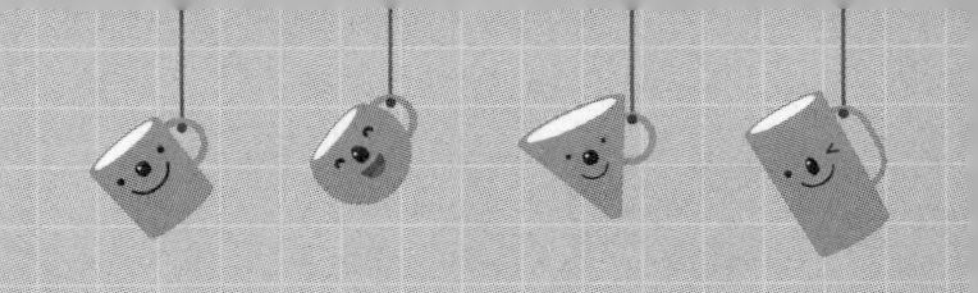

★ 여러 가지 도형을 보고 물음에 답하세요.

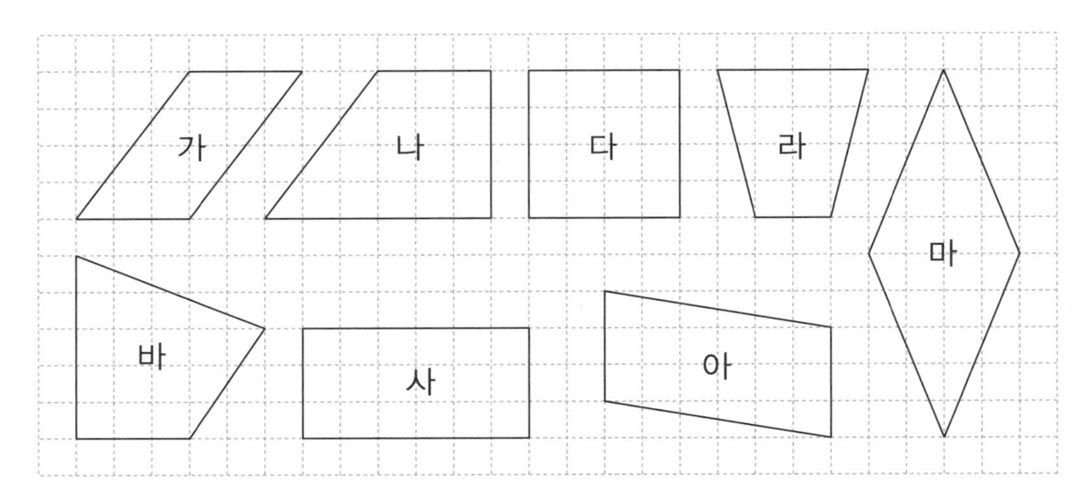

6 사다리꼴을 모두 찾아 기호를 쓰세요.

(　　　　　　　　　　　　　　　)

7 평행사변형을 모두 찾아 기호를 쓰세요.

(　　　　　　　　　　　　　　　)

8 마름모를 모두 찾아 기호를 쓰세요.

(　　　　　　　　　　　　　　　)

9 직사각형을 모두 찾아 기호를 쓰세요.

(　　　　　　　　　　　　　　　)

10 정사각형을 찾아 기호를 쓰세요.

(　　　　　　　　　　　　　　　)

19a 여러 가지 사각형 알기

이름 :
날짜 :
시간 : : ~ :

여러 가지 사각형의 성질 알기

1 사다리꼴에 대한 설명으로 옳은 것을 찾아 기호를 쓰세요.

㉠ 마주 보는 한 쌍의 변이 서로 평행합니다.
㉡ 마주 보는 두 변의 길이가 서로 같습니다.
㉢ 마주 보는 두 각의 크기가 서로 같습니다.
㉣ 평행사변형이라고 할 수 있습니다.

( )

2 평행사변형에 대한 설명으로 옳은 것을 모두 찾아 기호를 쓰세요.

㉠ 네 변의 길이가 모두 같습니다.
㉡ 마주 보는 두 쌍의 변이 서로 평행합니다.
㉢ 마주 보는 두 각의 크기가 서로 같습니다.
㉣ 네 각이 모두 직각입니다.

( )

3 사각형에 대한 설명으로 옳은 것을 찾아 기호를 쓰세요.

㉠ 사다리꼴은 평행사변형입니다.
㉡ 평행사변형은 마름모입니다.
㉢ 마름모는 직사각형입니다.
㉣ 정사각형은 마름모입니다.

( )

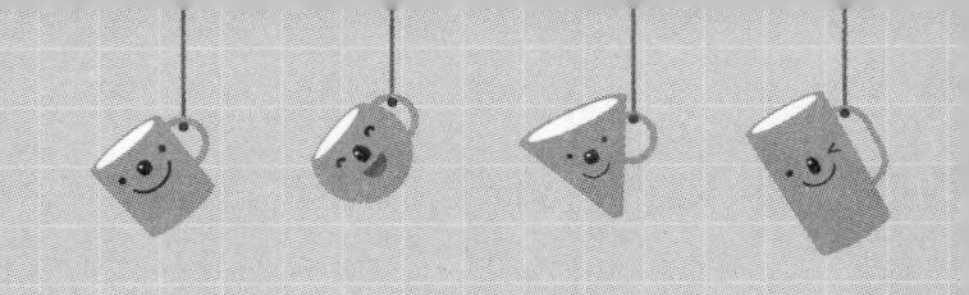

4 직사각형에 대한 설명으로 틀린 것을 찾아 기호를 쓰세요.

㉠ 네 변의 길이가 모두 같습니다.
㉡ 네 각이 모두 직각입니다.
㉢ 마주 보는 두 쌍의 변이 서로 평행합니다.
㉣ 사다리꼴이라고 할 수 있습니다.

(　　　　　　　　)

5 마름모에 대한 설명으로 틀린 것을 모두 찾아 기호를 쓰세요.

㉠ 평행사변형이라고 할 수 있습니다.
㉡ 정사각형이라고 할 수 있습니다.
㉢ 네 변의 길이가 모두 같습니다.
㉣ 네 각의 크기가 모두 같습니다.

(　　　　　　　　)

6 사각형에 대한 설명으로 틀린 것을 찾아 기호를 쓰세요.

㉠ 평행사변형은 사다리꼴입니다.
㉡ 직사각형은 마름모입니다.
㉢ 마름모는 평행사변형입니다.
㉣ 마름모이면서 직사각형인 것은 정사각형입니다.

(　　　　　　　　)

여러 가지 사각형 알기

이름 :

날짜 :

시간 : : ~ :

여러 가지 사각형의 둘레

★ 평행사변형의 네 변의 길이의 합을 구하세요.

1

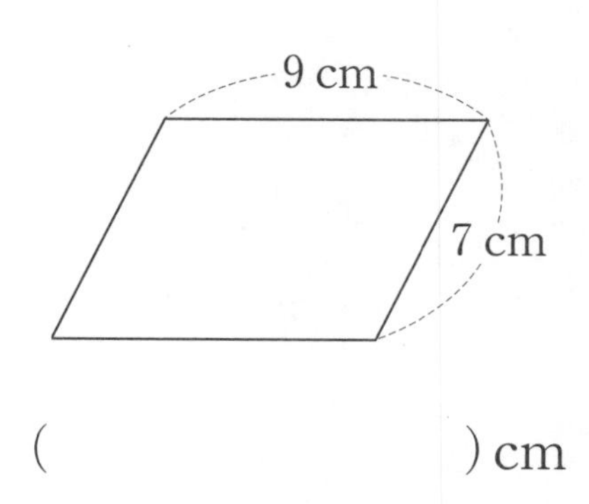

( ) cm

2

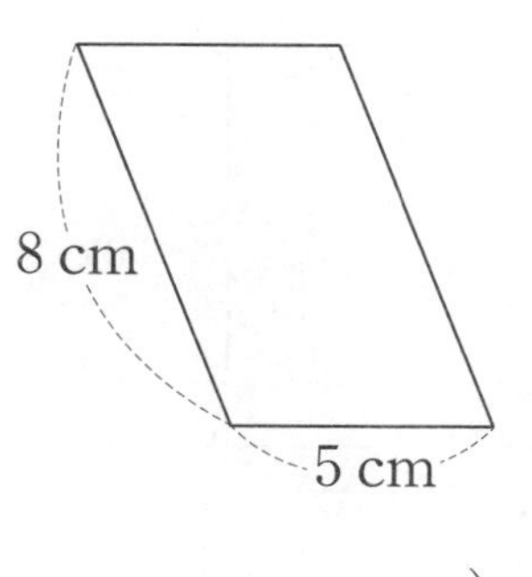

( ) cm

★ 마름모의 네 변의 길이의 합을 구하세요.

3

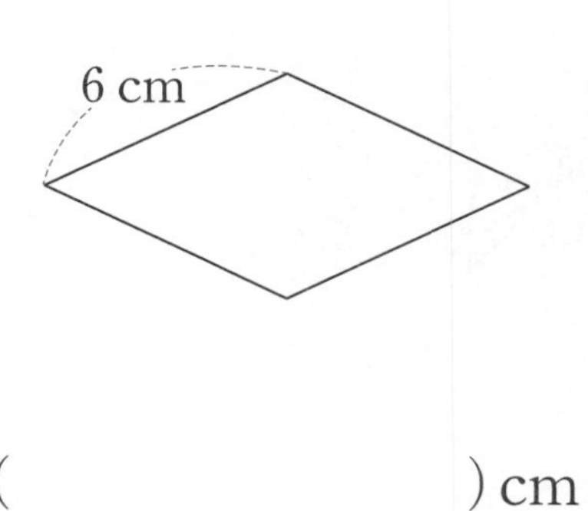

( ) cm

4

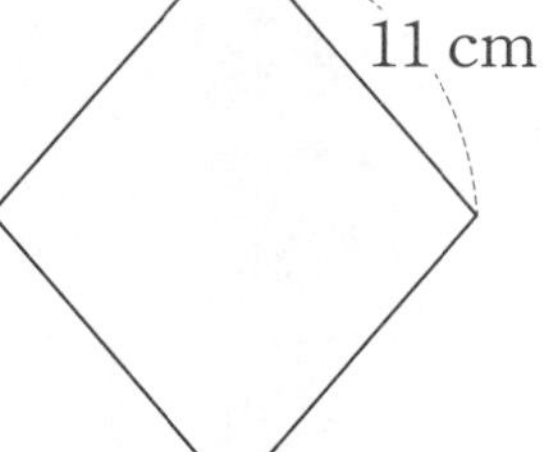

( ) cm

자르는 선

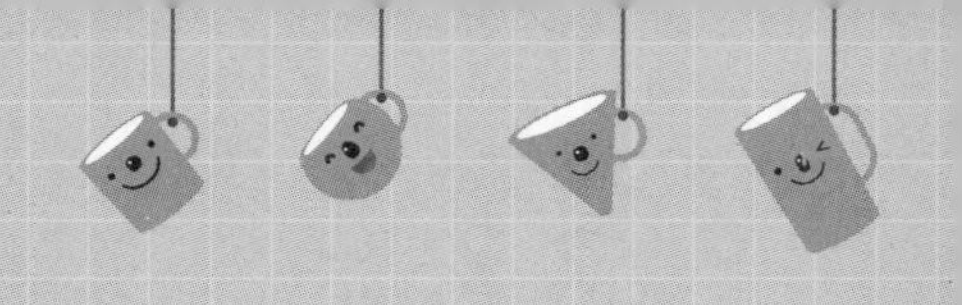

★ 직사각형의 네 변의 길이의 합을 구하세요.

5

8 cm

6 cm

( ) cm

6

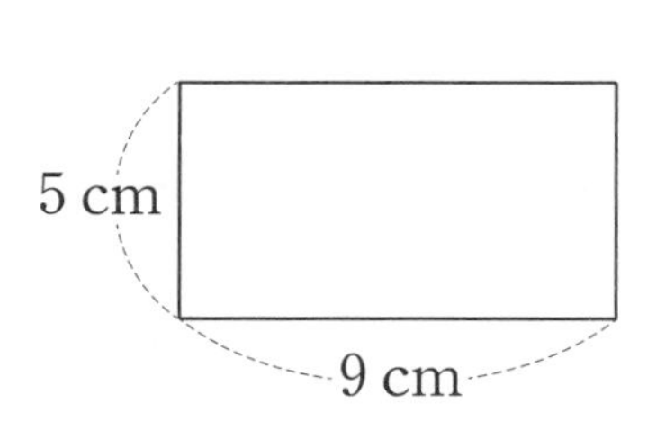

( ) cm

★ 정사각형의 네 변의 길이의 합을 구하세요.

7

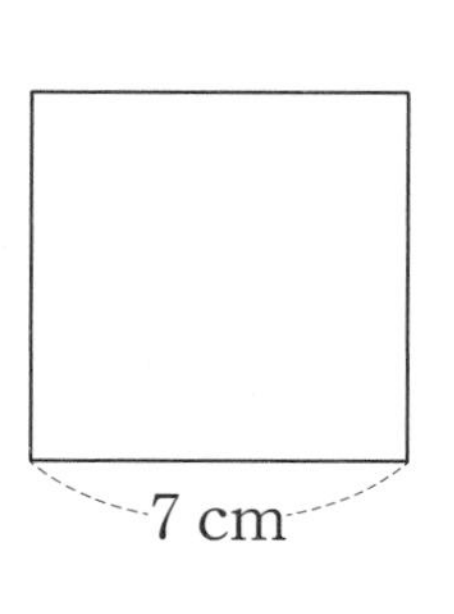

( ) cm

8

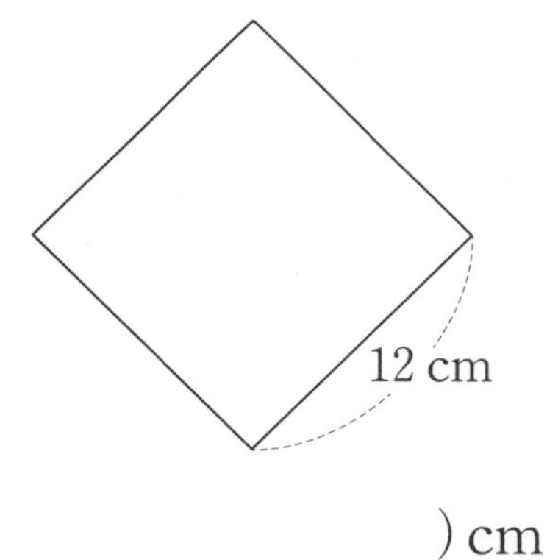

( ) cm

21a

다각형 알기

이름 :
날짜 :
시간 : : ~ :

다각형 찾기 ①

1 도형들을 선의 특징에 따라 분류하여 도형의 기호를 써 보세요.

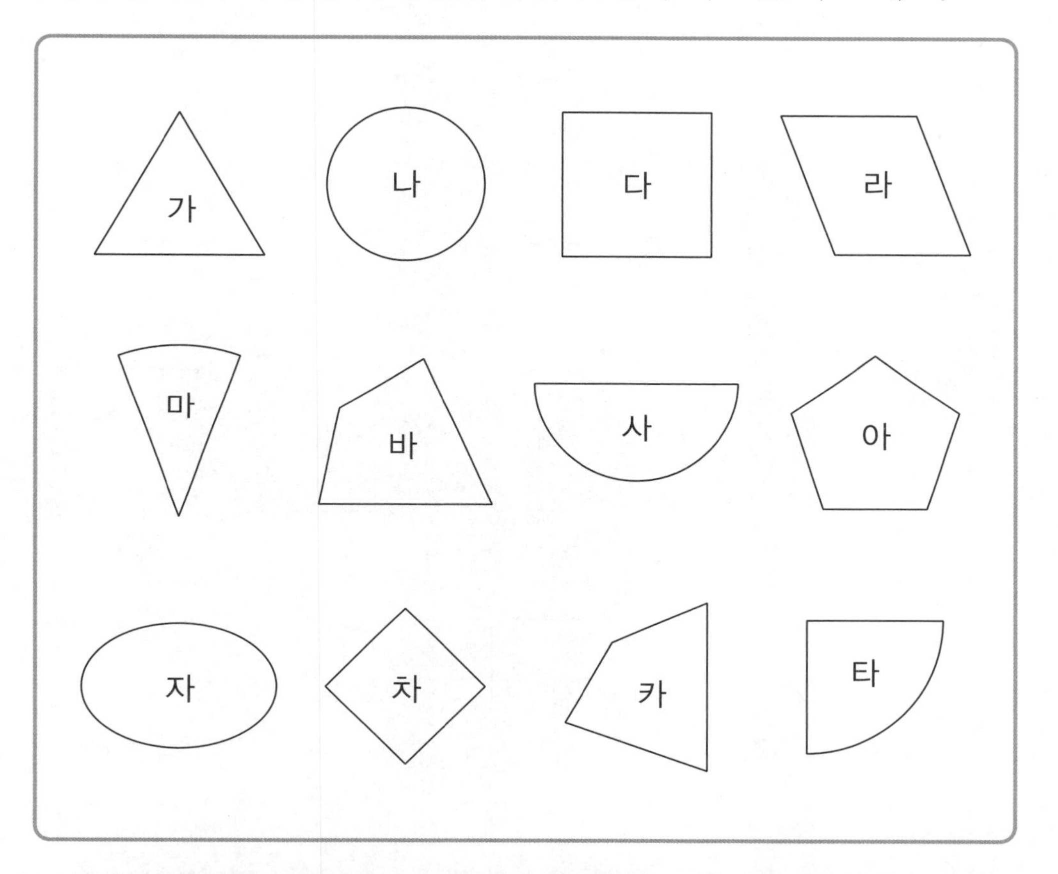

선분으로만 둘러싸인 도형	곡선이 포함된 도형

2 도형들을 선의 특징에 따라 분류하여 도형의 기호를 써 보세요.

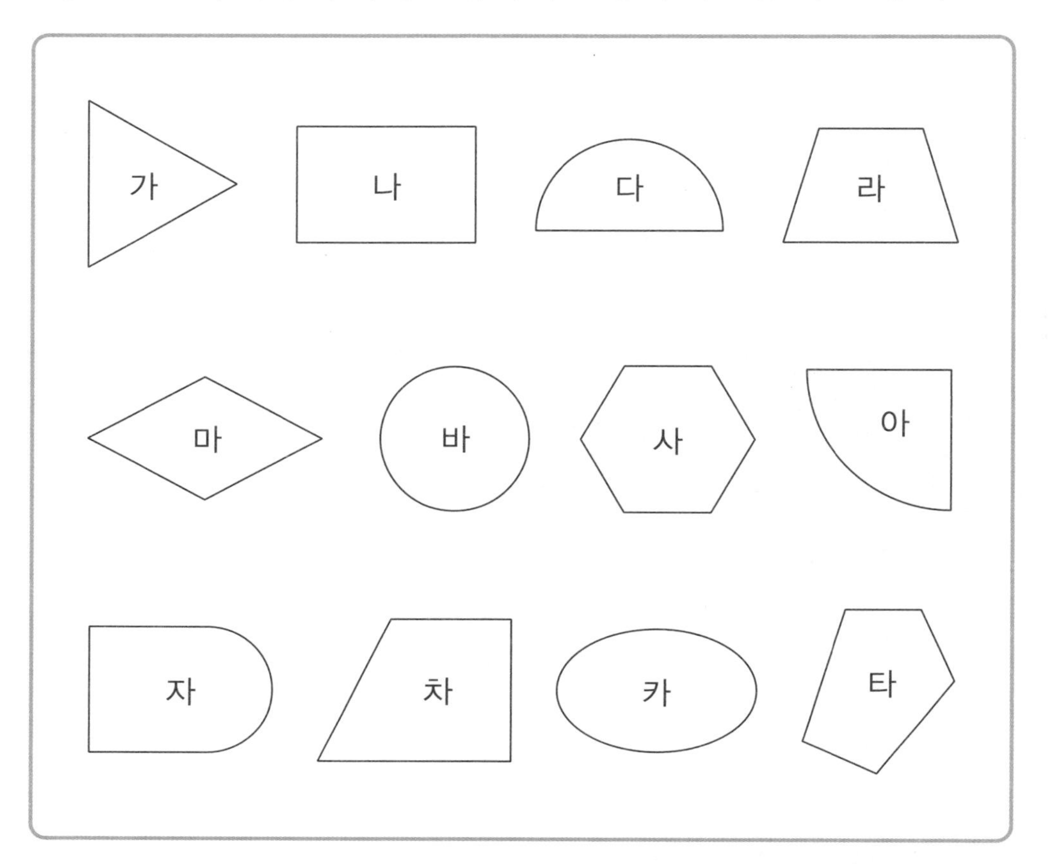

선분으로만 둘러싸인 도형	곡선이 포함된 도형

다각형 알기

이름 :
날짜 :
시간 : : ~ :

다각형 찾기 ②

★ 다각형이 아닌 것을 찾아 기호를 쓰세요.

선분으로만 둘러싸인 도형을 다각형이라고 합니다.

1

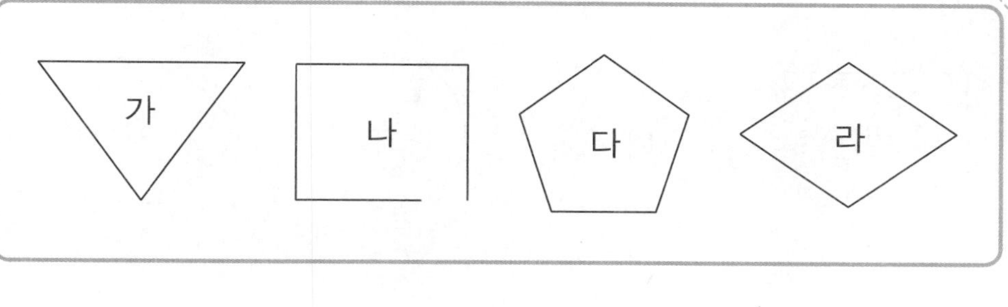

( )

2

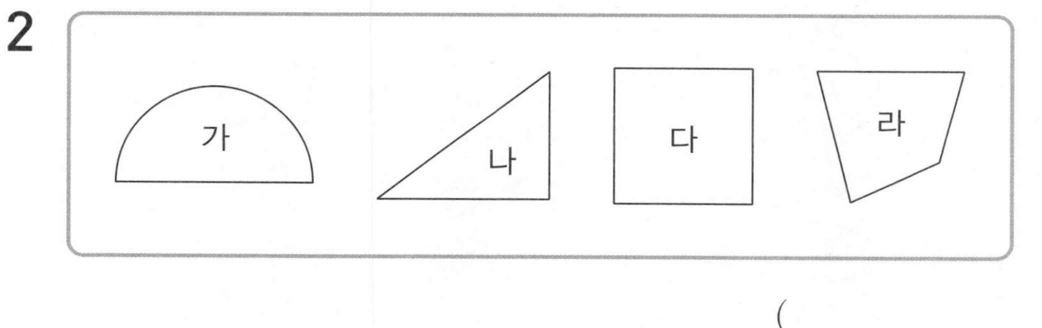

( )

3

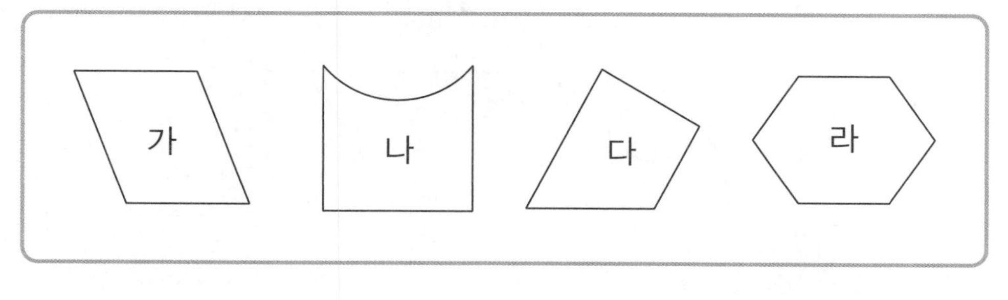

( )

★ 다각형이 아닌 것을 찾아 기호를 쓰세요.

4

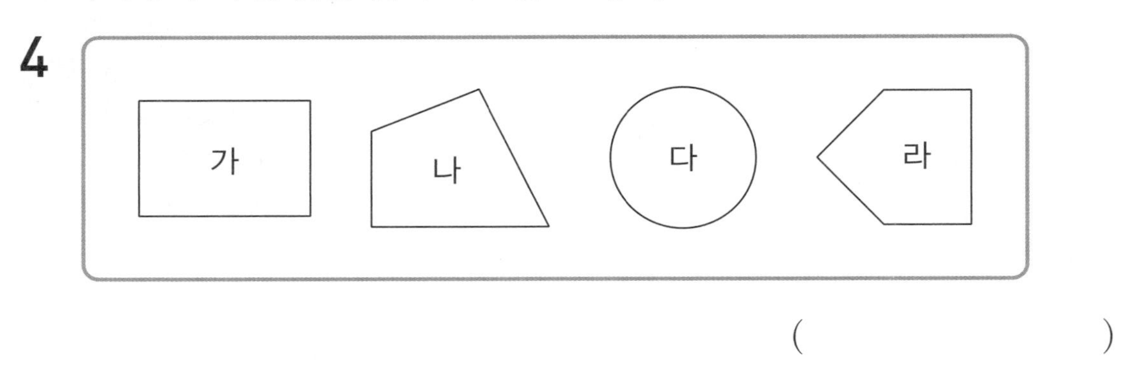

(　　　　　　　)

5

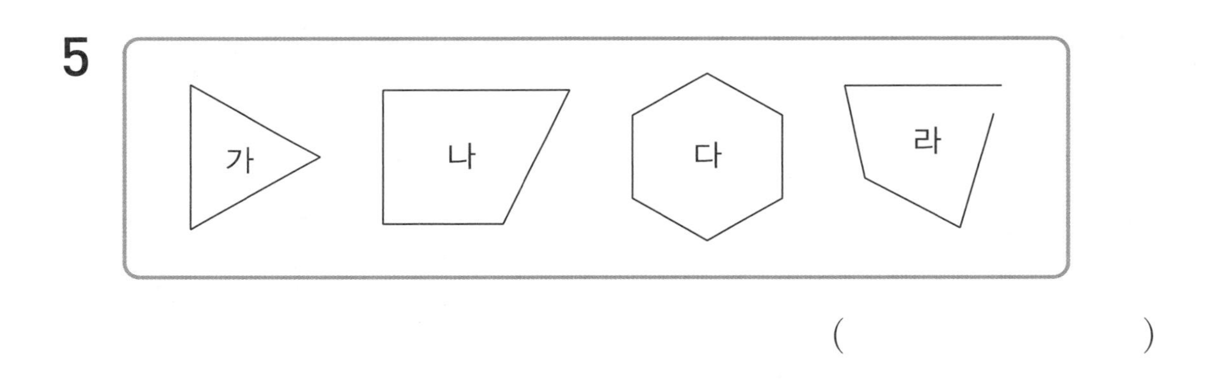

(　　　　　　　)

6

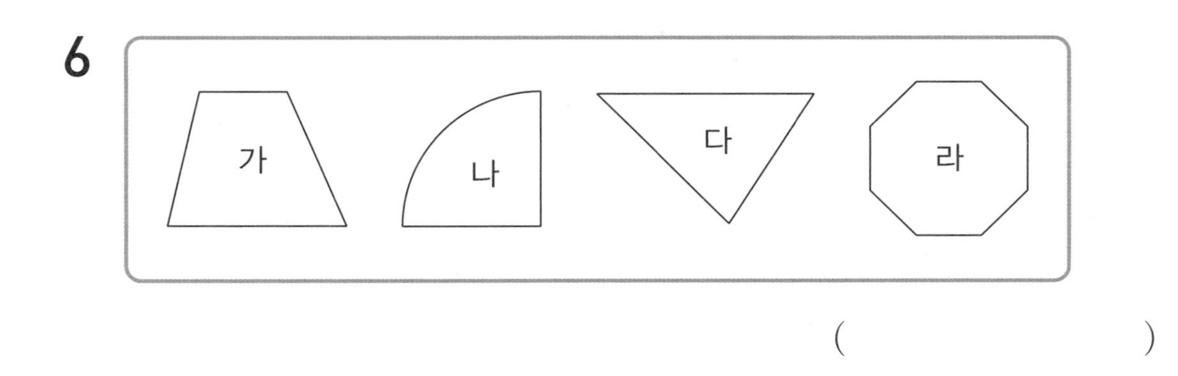

(　　　　　　　)

다각형 알기

이름 :
날짜 :
시간 : : ~ :

다각형을 변의 수에 따라 분류하기 ①

1 다각형을 변의 수에 따라 분류하여 기호를 써 보세요.

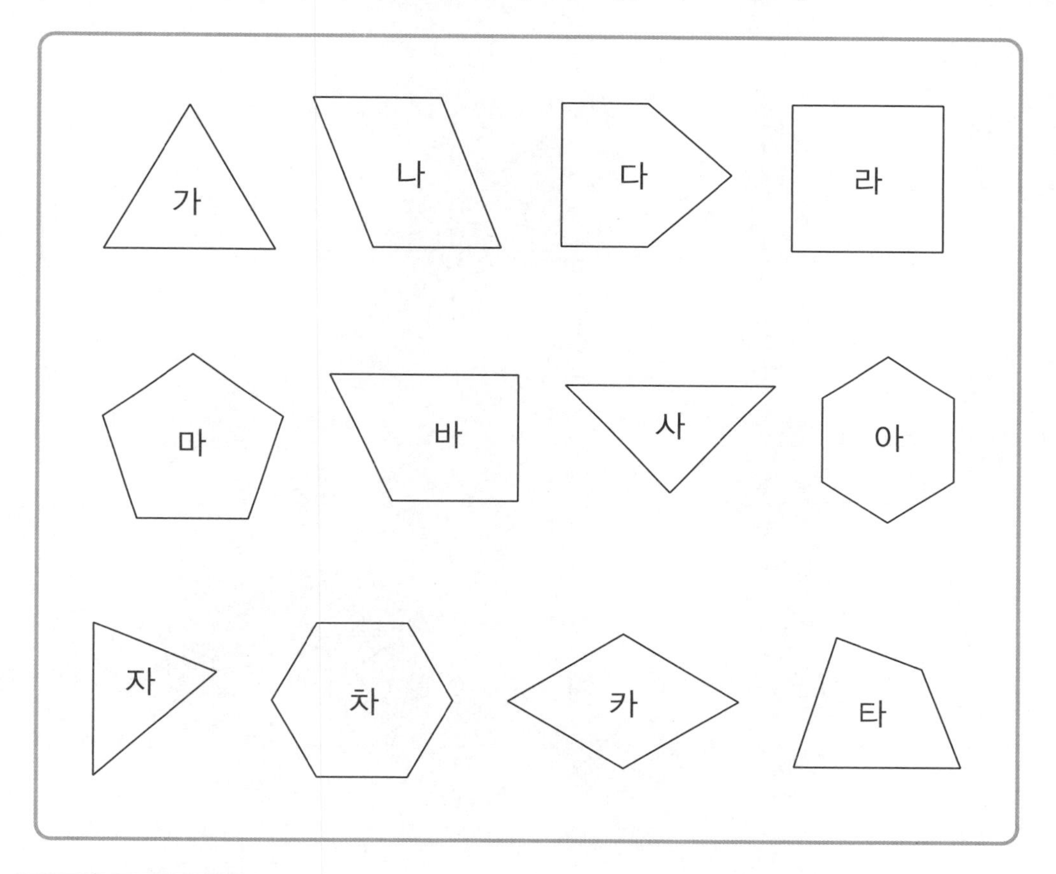

변의 수(개)	3	4	5	6
도형의 기호				

2 다각형을 변의 수에 따라 분류하여 기호를 써 보세요.

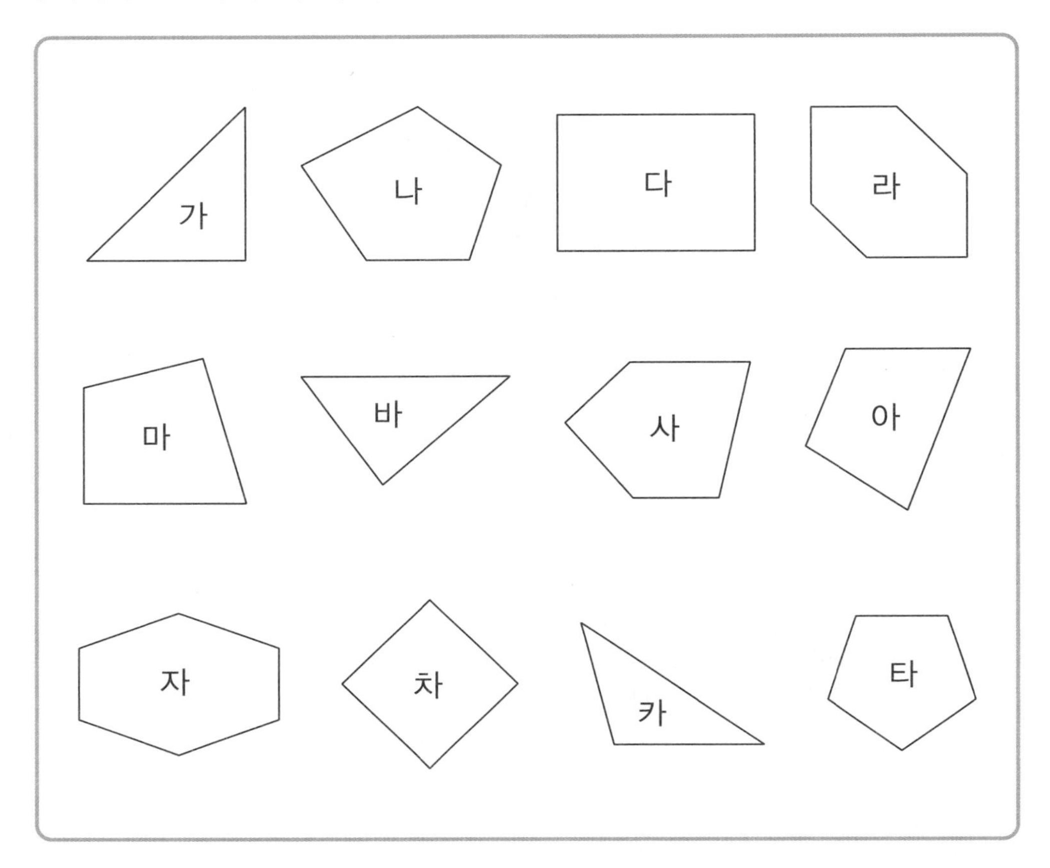

변의 수(개)	3	4	5	6
도형의 기호				

다각형 알기

이름 :
날짜 :
시간 : : ~ :

다각형을 변의 수에 따라 분류하기 ②

1 다각형을 변의 수에 따라 분류하여 기호를 써 보세요.

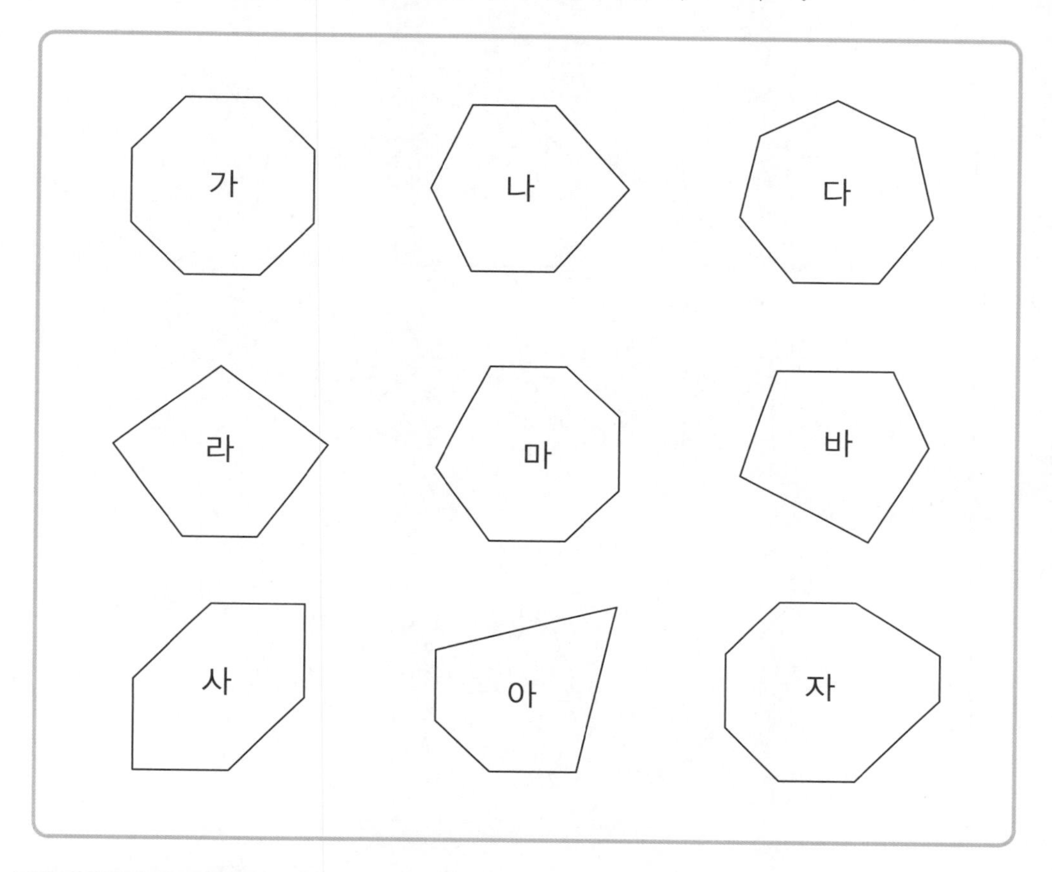

변의 수(개)	5	6	7	8
도형의 기호				

2 다각형을 변의 수에 따라 분류하여 기호를 써 보세요.

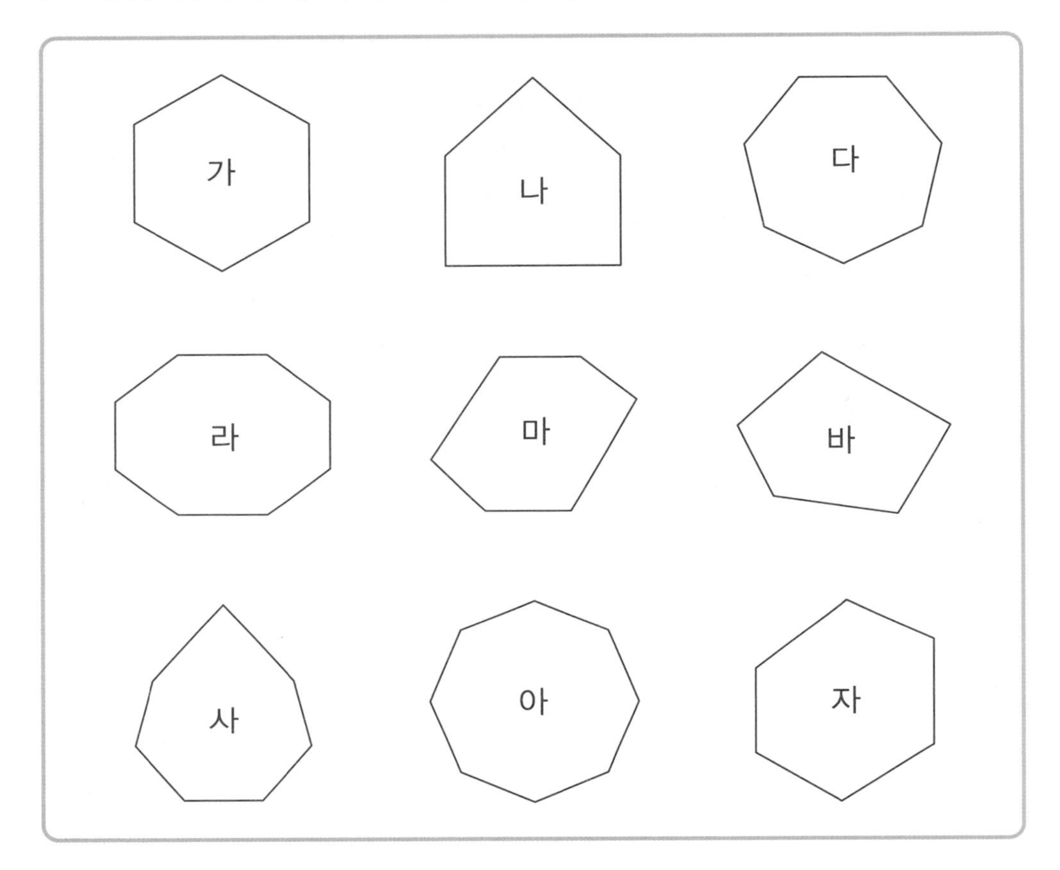

변의 수(개)	5	6	7	8
도형의 기호				

25a

다각형 알기

이름 :
날짜 :
시간 : : ~ :

다각형 그리기

★ 점 종이에 그려진 선분을 이용하여 다각형을 완성해 보세요.

1 〈오각형〉

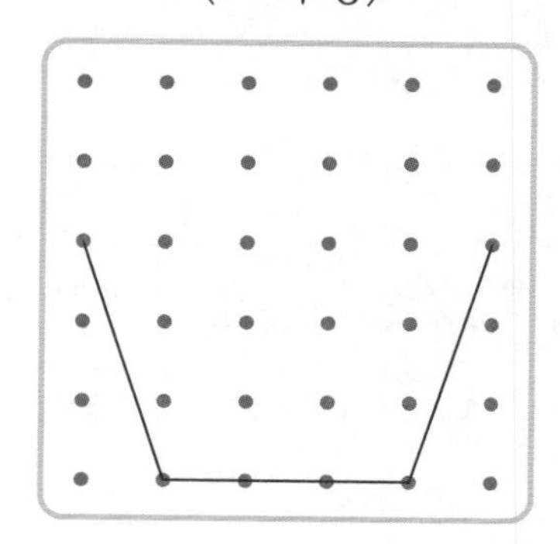

〈오각형〉

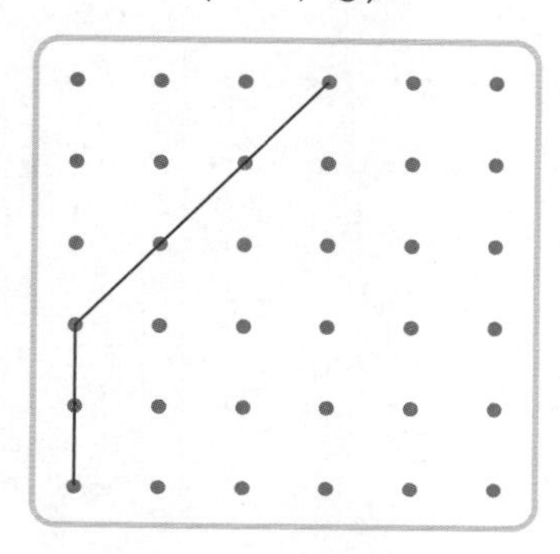

2 〈육각형〉

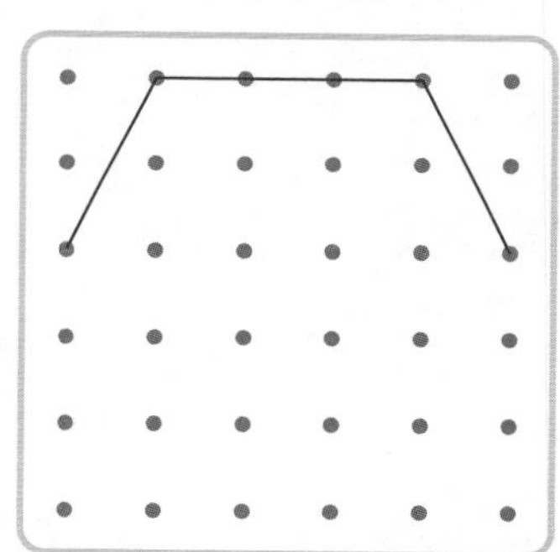

〈육각형〉

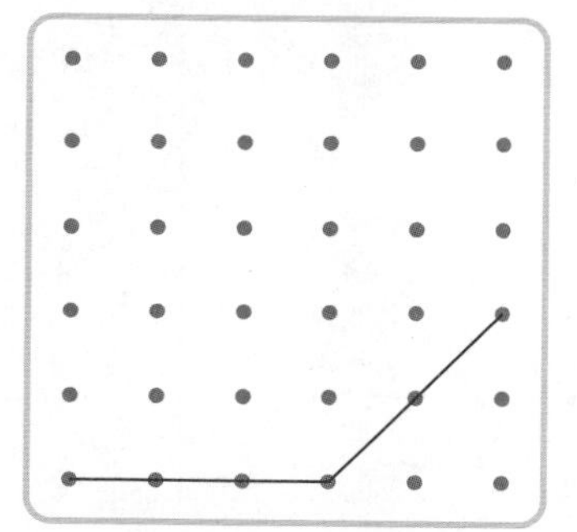

3 〈칠각형〉

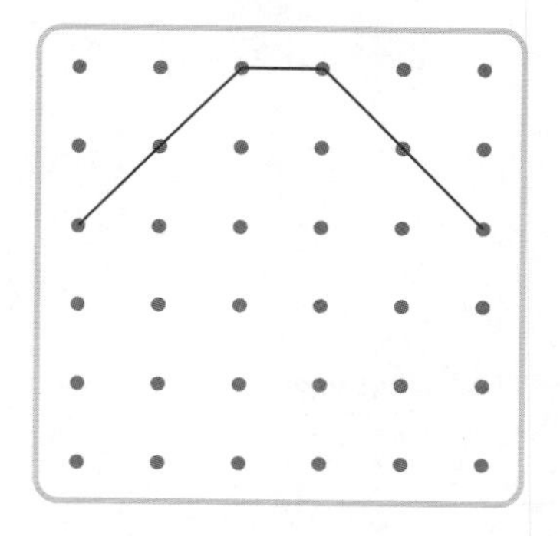

〈팔각형〉

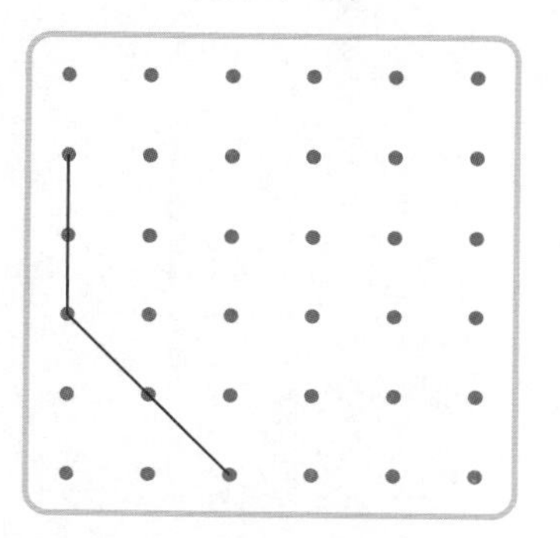

★ 점 종이에 서로 다른 다각형을 그려 보세요.

4 〈오각형〉

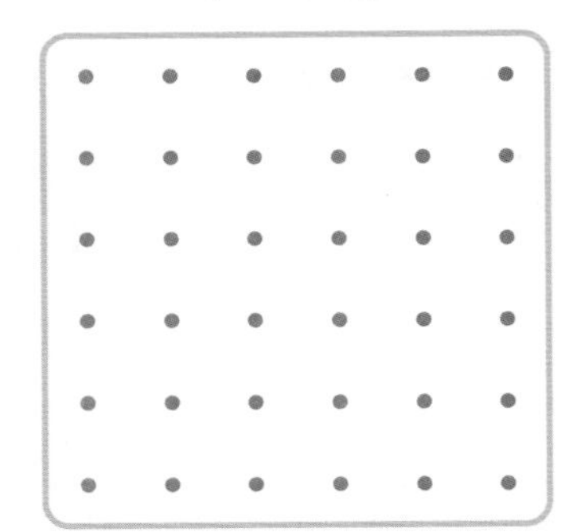

〈오각형〉

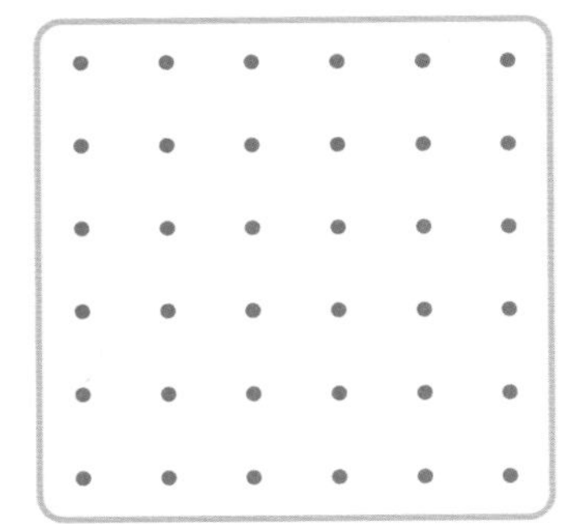

5 〈육각형〉

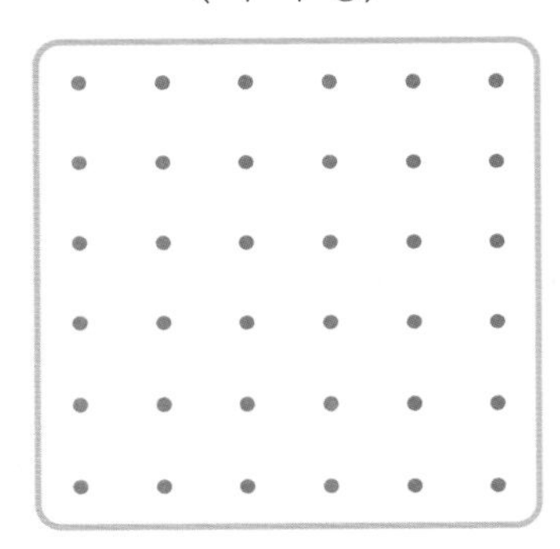

〈육각형〉

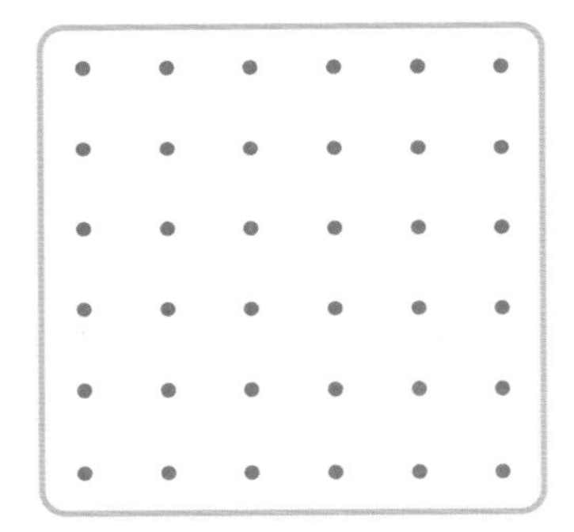

6 〈칠각형〉

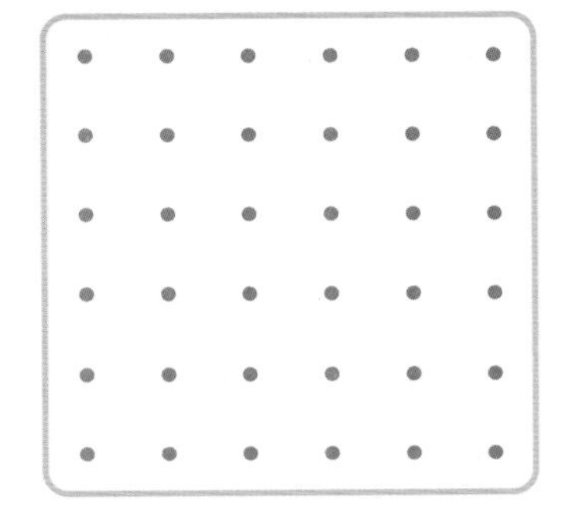

〈팔각형〉

정다각형 알기

이름 :
날짜 :
시간 : : ~ :

정다각형 찾기 ①

★ 다각형을 살펴보고 물음에 답하세요.

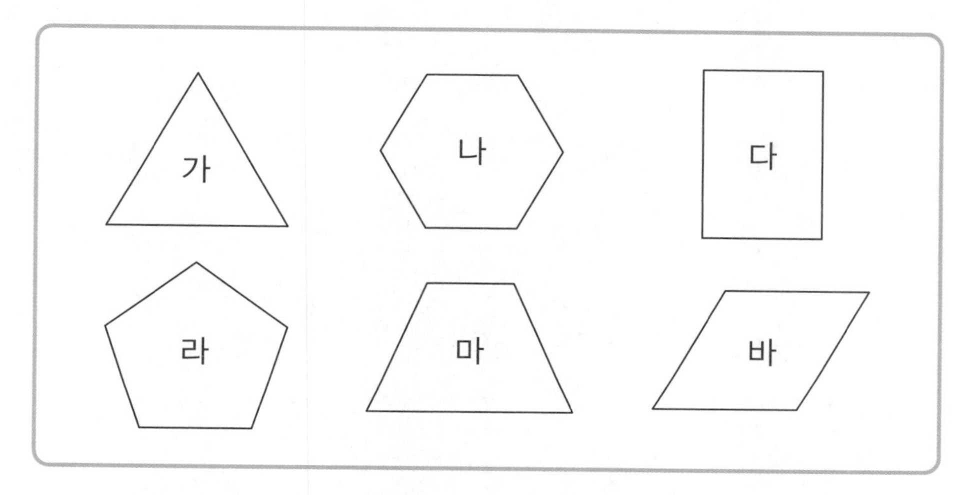

1 변의 길이에 따라 분류해 보세요.

변의 길이가 모두 같아요	변의 길이가 모두 같지는 않아요

2 각의 크기에 따라 분류해 보세요.

각의 크기가 모두 같아요	각의 크기가 모두 같지는 않아요

3 변의 길이와 각의 크기가 모두 같은 다각형을 찾아 그 기호를 써 보세요.

( )

★ 다각형을 살펴보고 물음에 답하세요.

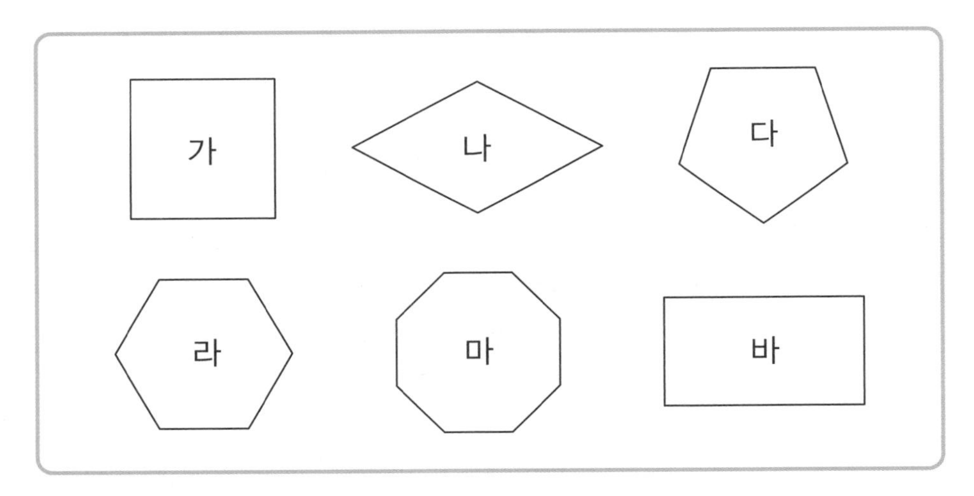

4 변의 길이에 따라 분류해 보세요.

변의 길이가 모두 같아요	변의 길이가 모두 같지는 않아요

5 각의 크기에 따라 분류해 보세요.

각의 크기가 모두 같아요	각의 크기가 모두 같지는 않아요

6 변의 길이와 각의 크기가 모두 같은 다각형을 찾아 그 기호를 써 보세요.

( )

정다각형 알기

이름 :
날짜 :
시간 : : ~ :

정다각형 찾기 ②

변의 길이가 모두 같고, 각의 크기가 모두 같은 다각형을 정다각형이라고 합니다.

1 다각형을 살펴보고 분류해 보세요.

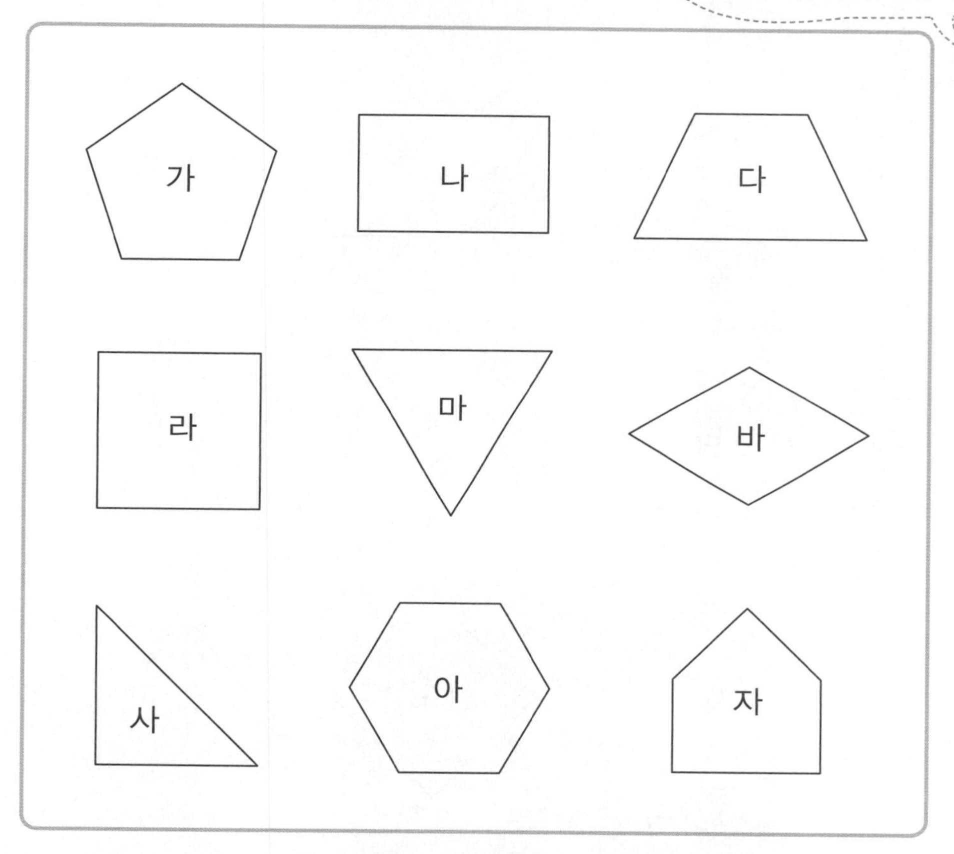

정다각형	정다각형이 아닌 다각형

2 다각형을 살펴보고 분류해 보세요.

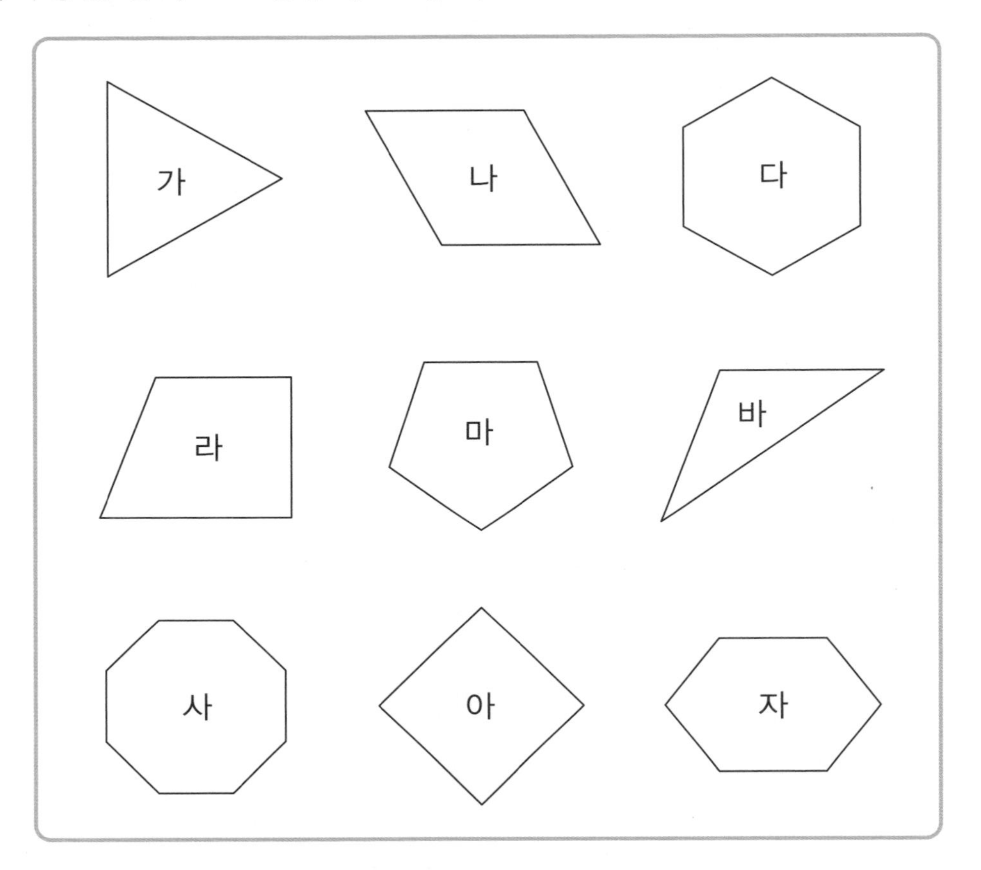

정다각형	정다각형이 아닌 다각형

정다각형 알기

정다각형 찾기 ③

★ 정다각형을 찾아 기호를 쓰세요.

1

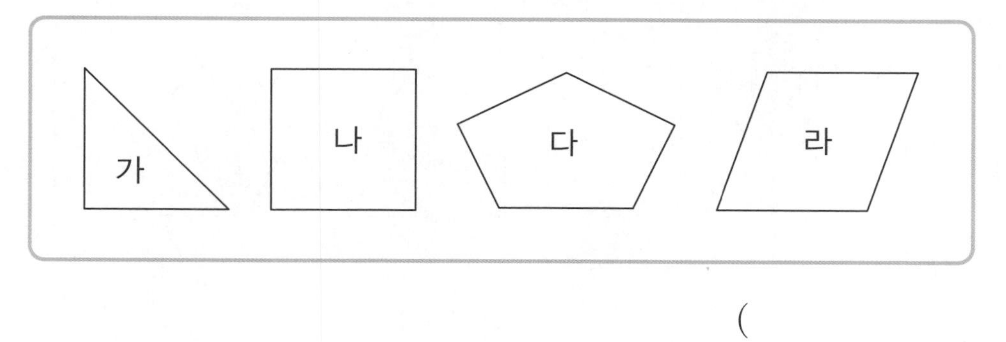

( )

2

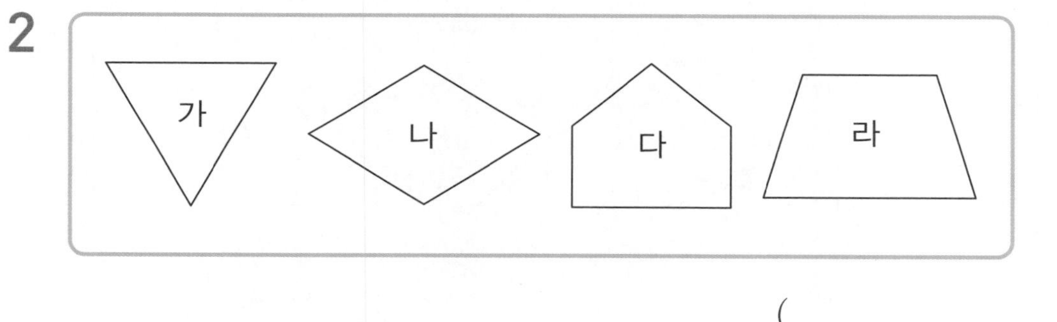

( )

3

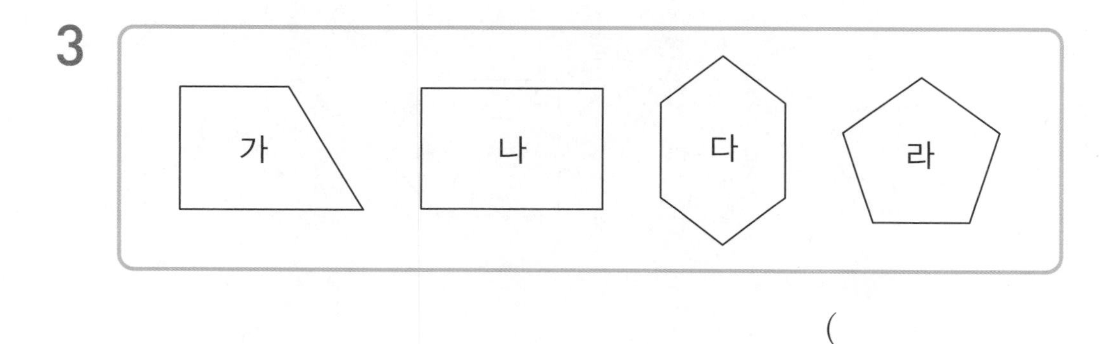

( )

★ 정다각형을 찾아 기호를 쓰세요.

4

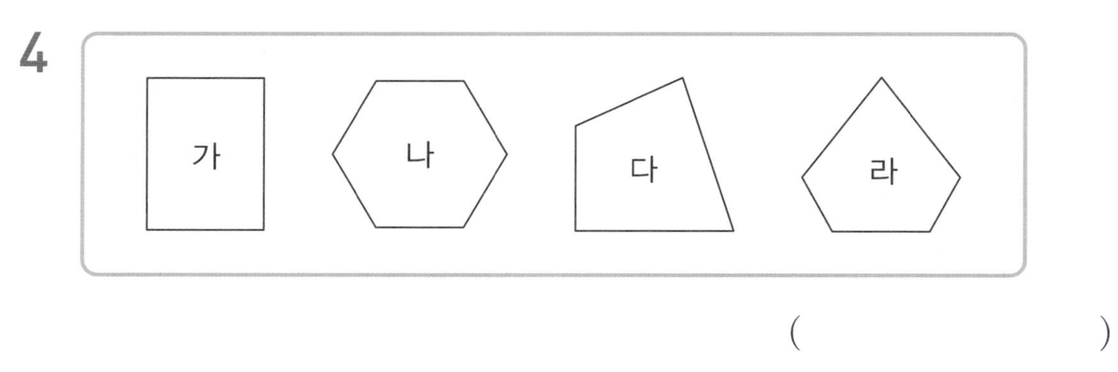

( )

5

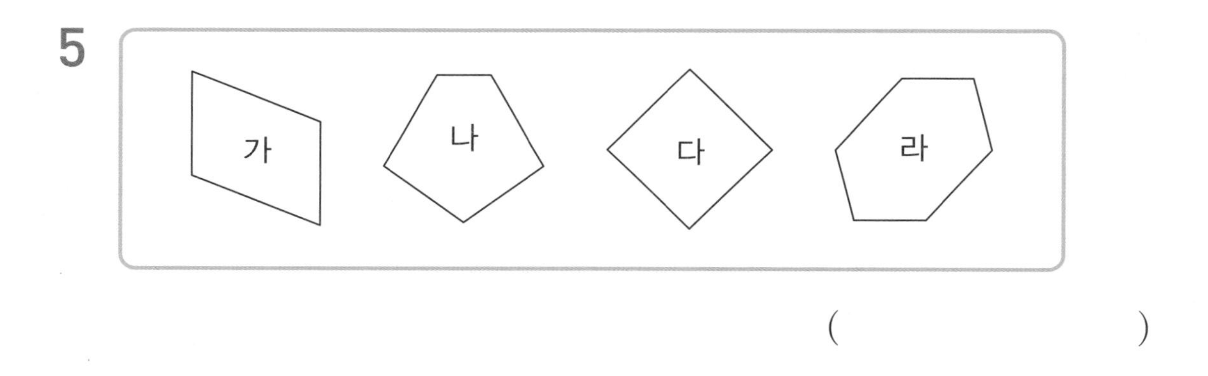

( )

6

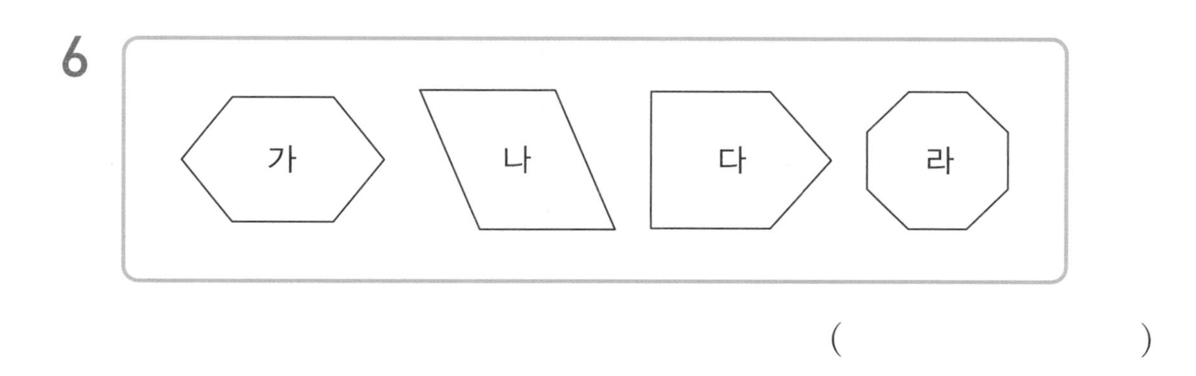

( )

이름 :
날짜 :
시간 : : ~ :

정다각형 알기

정다각형의 성질 알기

★ 정다각형의 이름을 쓰고 모든 변의 길이의 합을 구하세요.

정다각형은 변의 길이가 모두 같습니다.

1

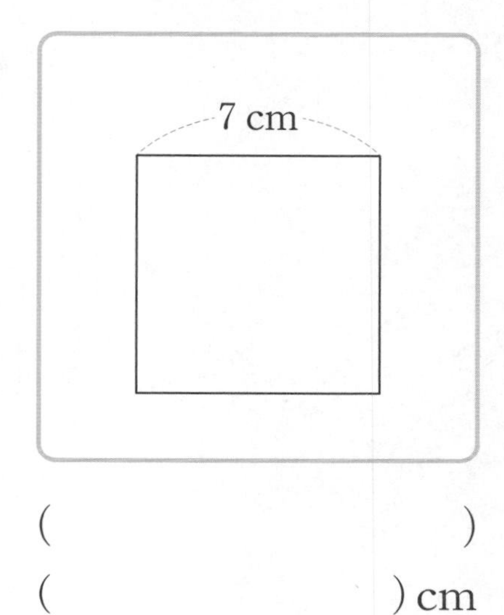

(　　　　　　　　)
(　　　　　　) cm

2

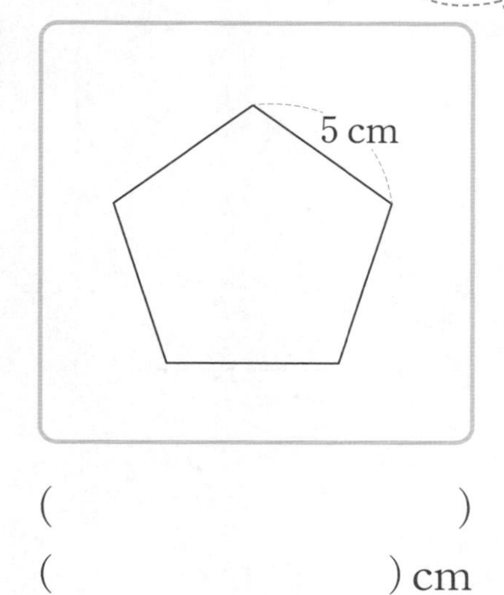

(　　　　　　　　)
(　　　　　　) cm

3

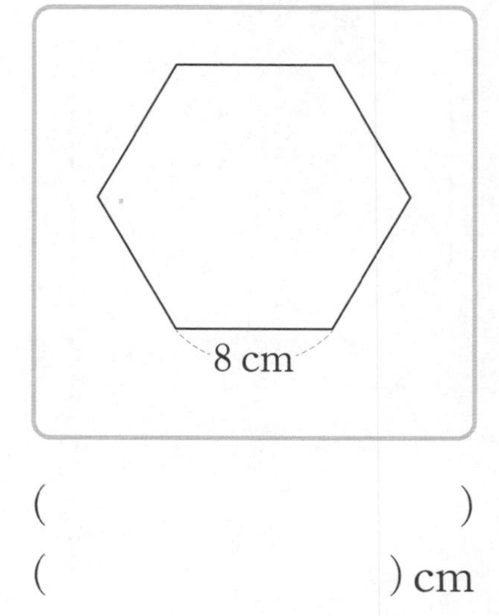

(　　　　　　　　)
(　　　　　　) cm

4

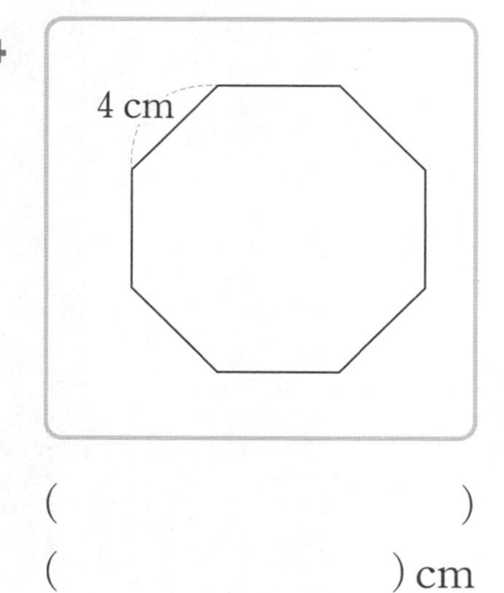

(　　　　　　　　)
(　　　　　　) cm

자르는 선

★ 정다각형의 이름을 쓰고 모든 각의 크기의 합을 구하세요.

정다각형은 각의 크기가 모두 같습니다.

5

60°

(　　　　　　　　　　)

□°

6

90°

(　　　　　　　　　　)

□°

7

108°

(　　　　　　　　　　)

□°

8

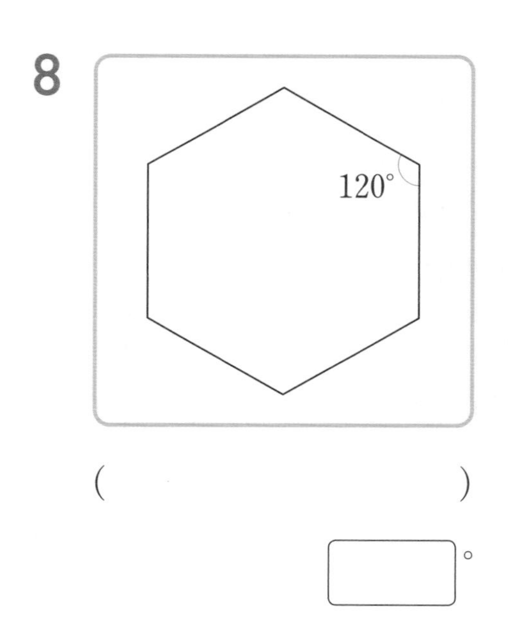

(　　　　　　　　　　)

□°

대각선 알기

이름 :
날짜 :
시간 : : ~ :

대각선 알기

★ 도형에 대각선을 옳게 나타낸 것에 ○표 하세요.

다각형에서 서로 이웃하지 않는 두 꼭짓점을 이은 선분을 대각선이라고 합니다.

1

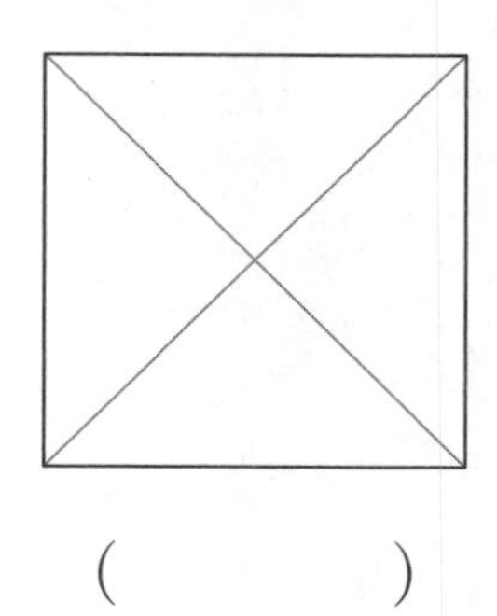
( )

( )

2

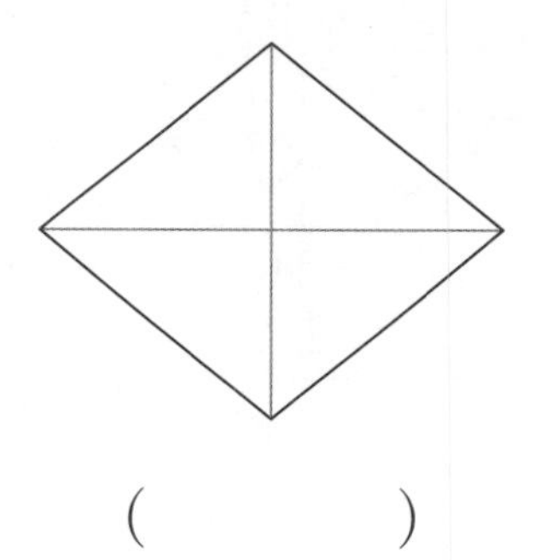
( )

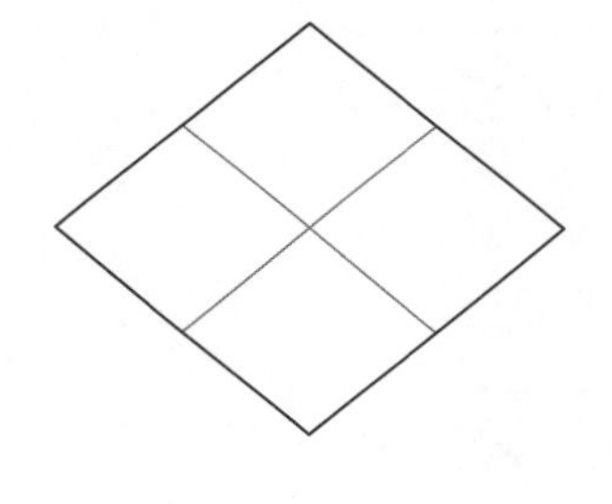
( )

3

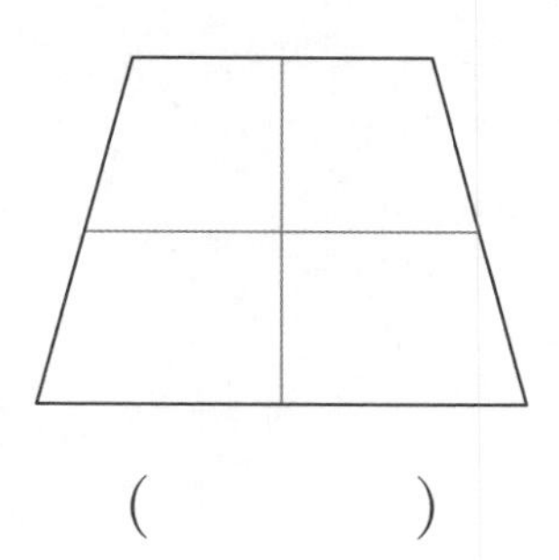
( )

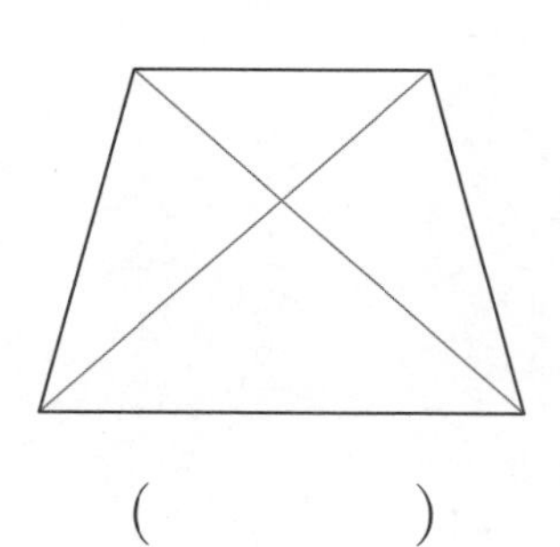
( )

자르는 선

★ 도형에 대각선을 옳게 나타낸 것에 ○표 하세요.

4

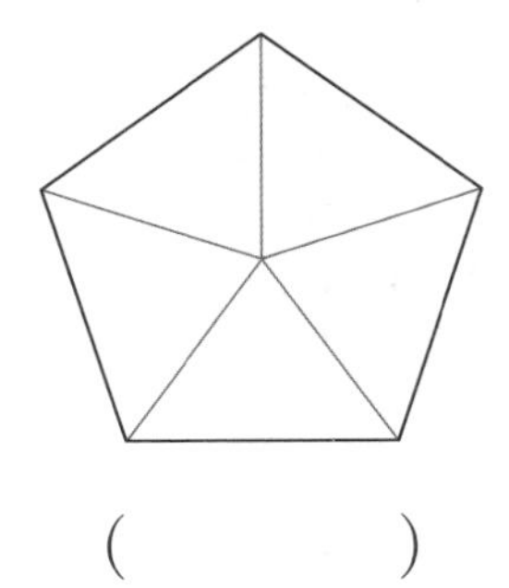

(   )

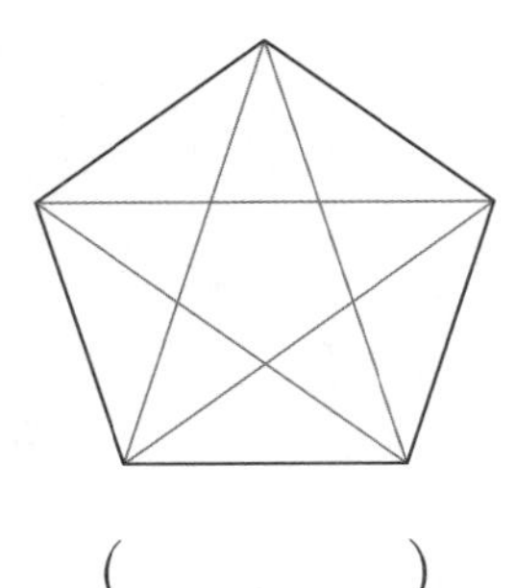

(   )

5

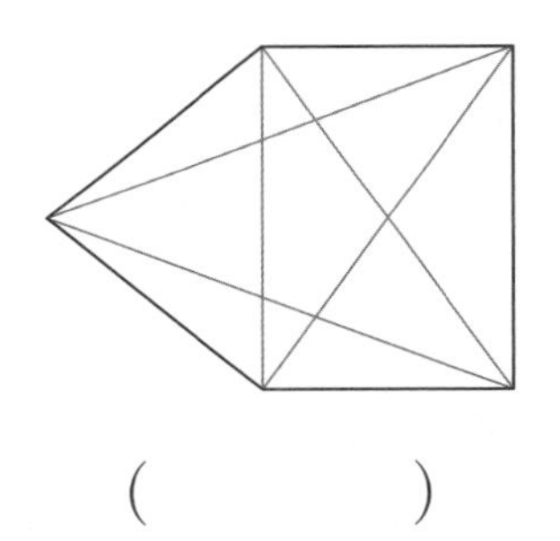

(   )

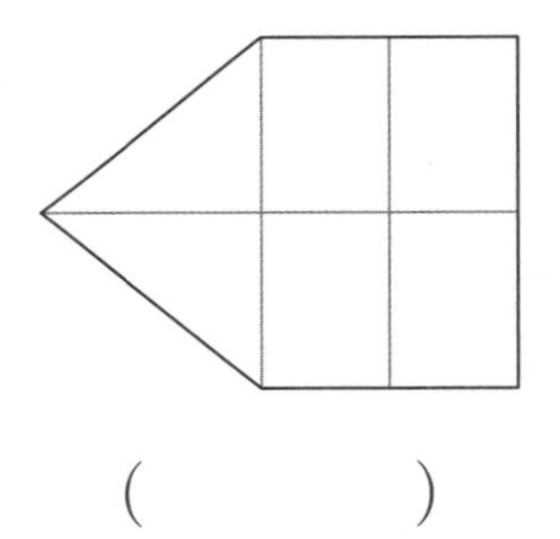

(   )

6

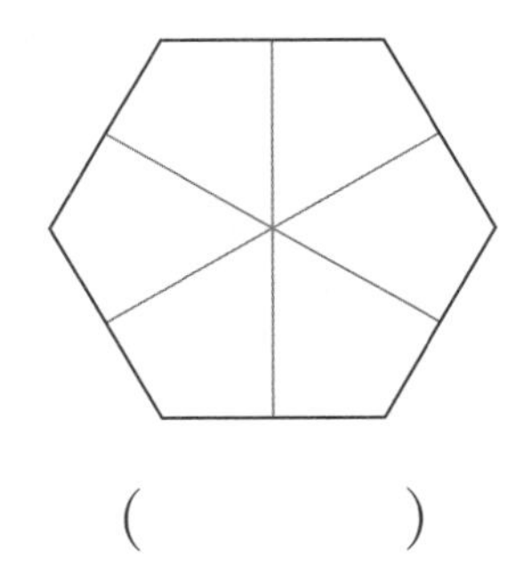

(   )

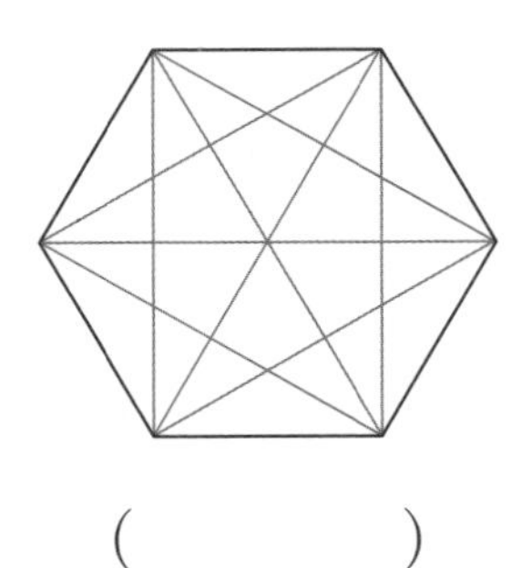

(   )

대각선 알기

이름 :
날짜 :
시간 : : ~ :

대각선 긋기

★ 도형에 대각선을 모두 그어 보세요.

1

2

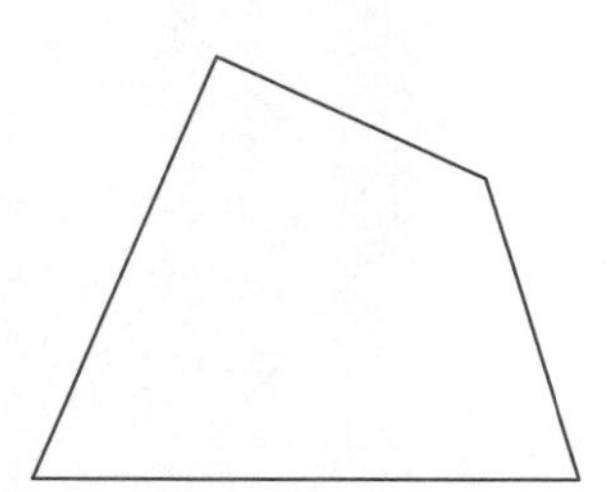

3

4

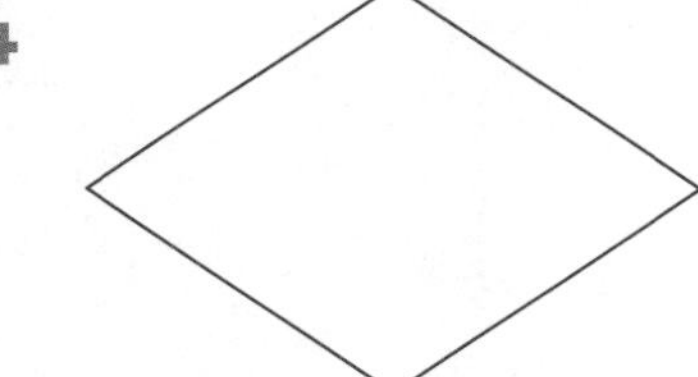

5

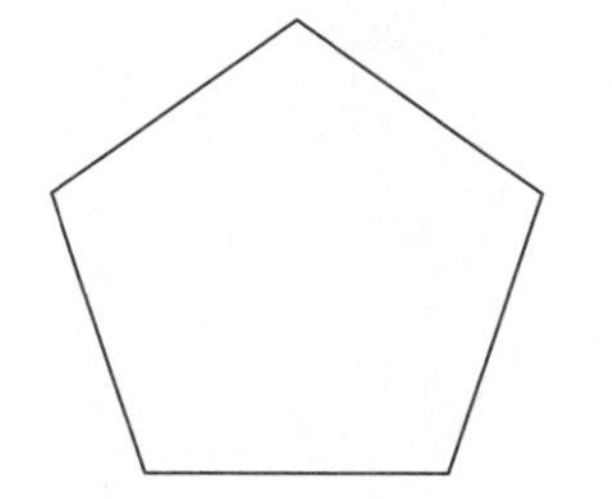

6

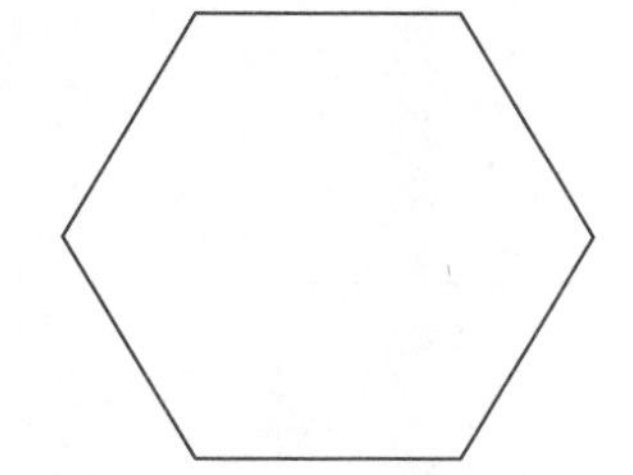

★ 도형에 그을 수 있는 대각선은 모두 몇 개인지 쓰세요.

7

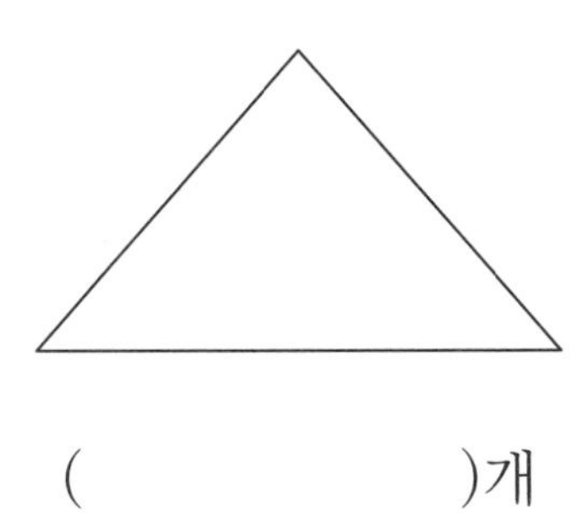

(　　　　　　　　)개

8

(　　　　　　　　)개

9

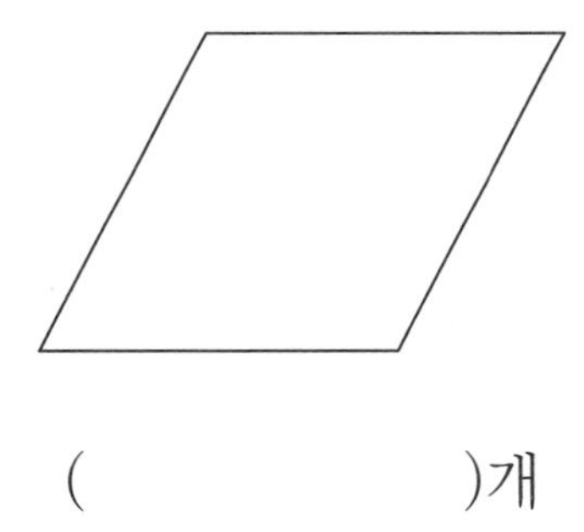

(　　　　　　　　)개

10

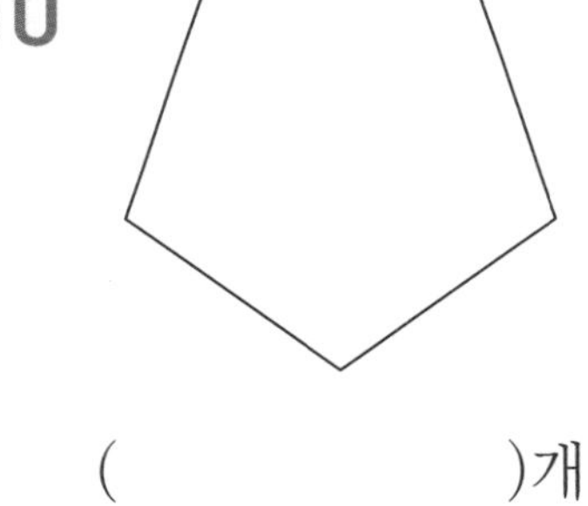

(　　　　　　　　)개

11

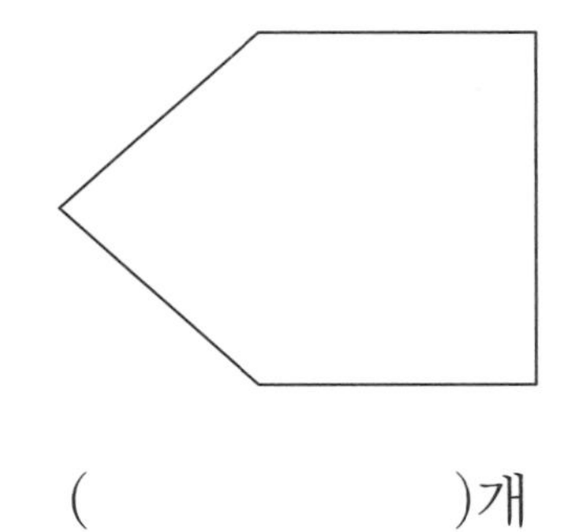

(　　　　　　　　)개

12

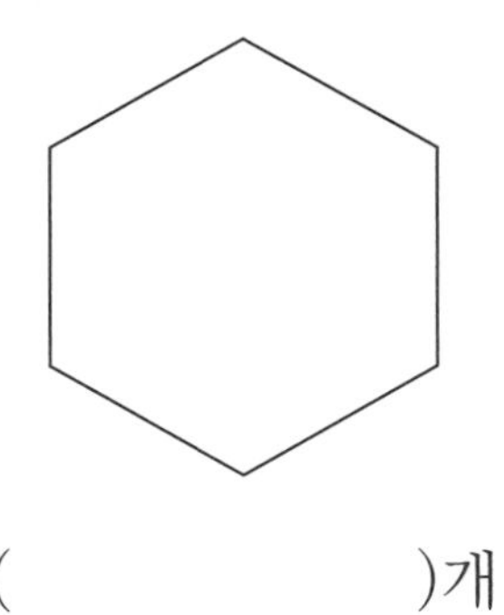

(　　　　　　　　)개

대각선 알기

이름 :
날짜 :
시간 : : ~ :

두 대각선이 어떻게 만나는지 알기 ①

★ 두 대각선의 길이가 같은 사각형을 모두 찾아 기호를 쓰세요.

1

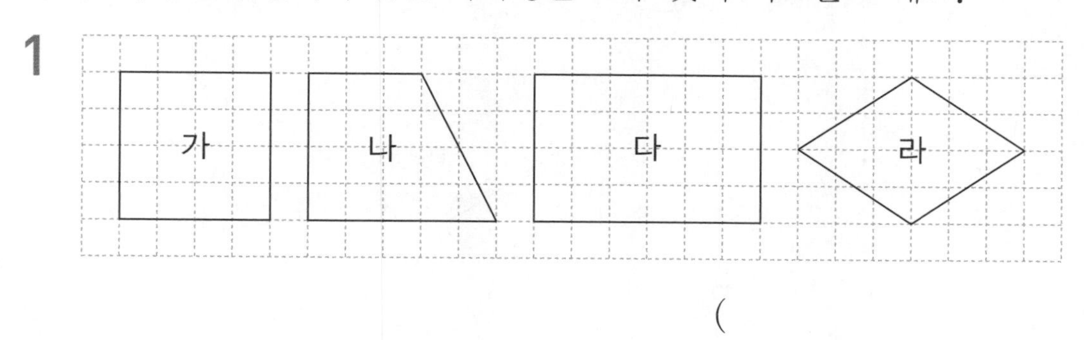

( )

2

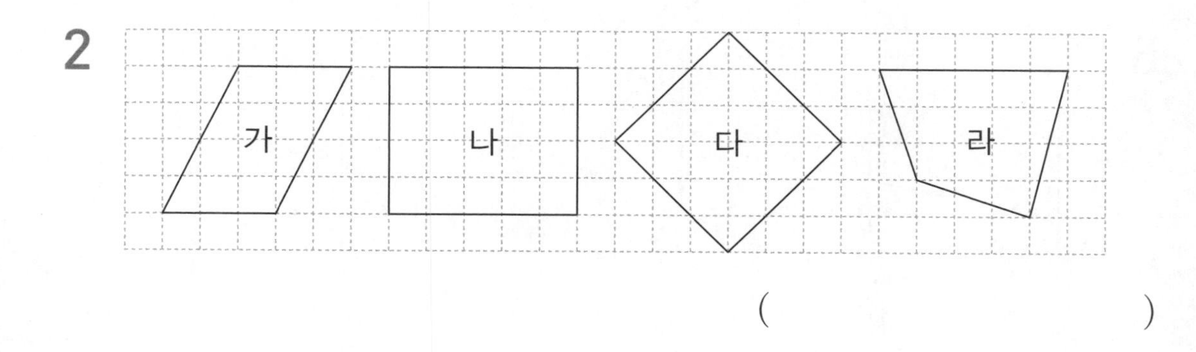

( )

3

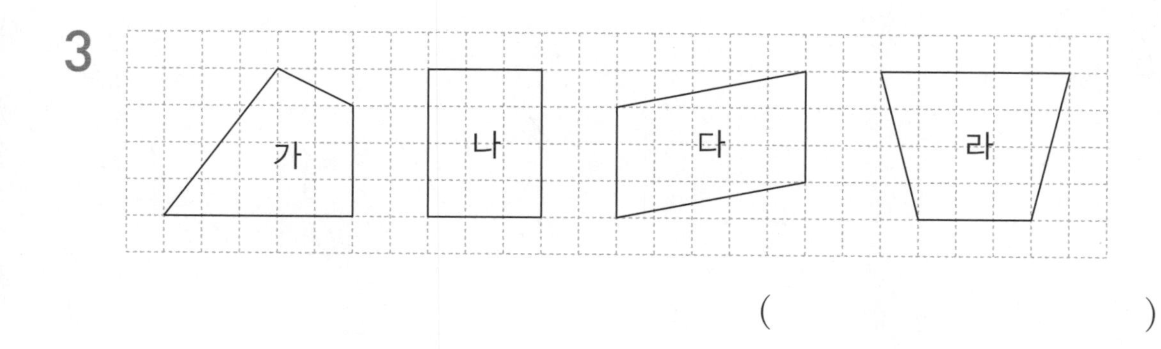

( )

★ 두 대각선이 서로 수직으로 만나는 사각형을 찾아 기호를 쓰세요.

4

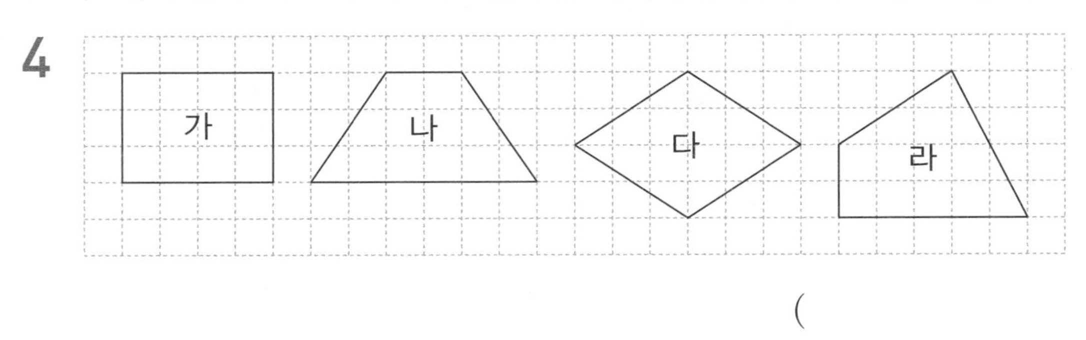

( )

5

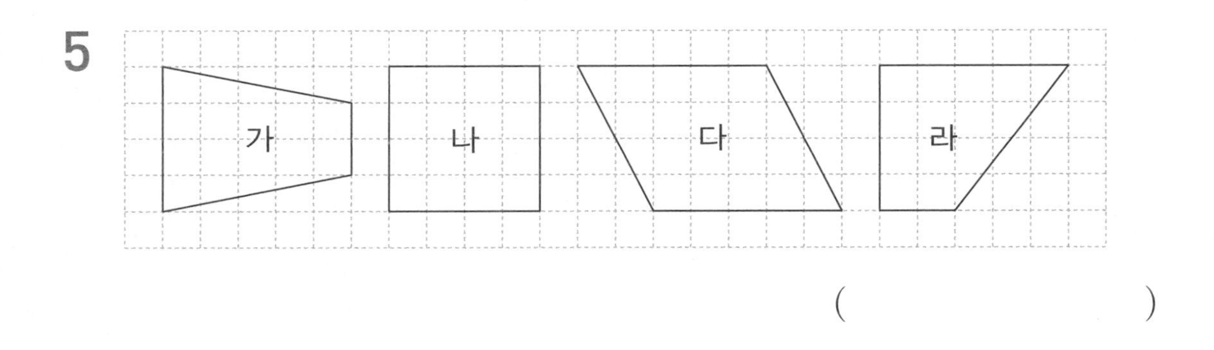

( )

6

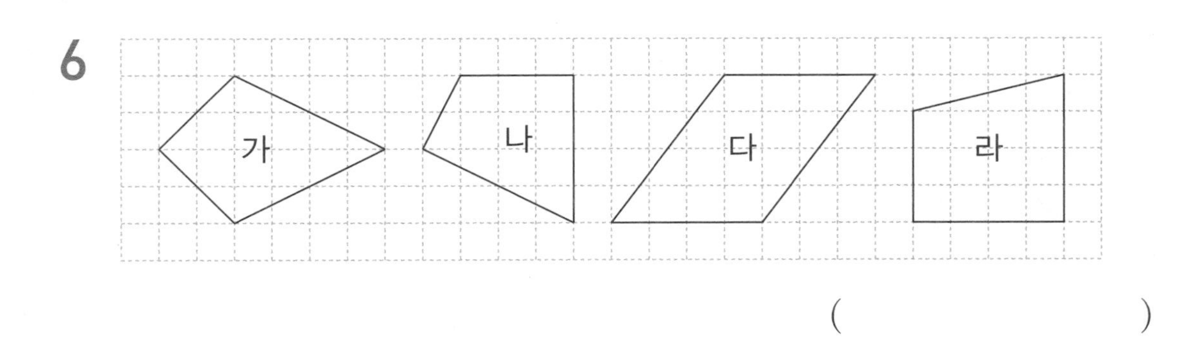

( )

33a

대각선 알기

이름 :
날짜 :
시간 : : ~ :

두 대각선이 어떻게 만나는지 알기 ②

★ 한 대각선이 다른 대각선을 반으로 나누는 사각형을 모두 찾아 기호를 쓰세요.

1

가 나 다 라

( )

2

가 나 다 라

( )

3

가 나 다 라

( )

★ 두 대각선의 길이가 같고 한 대각선이 다른 대각선을 반으로 나누는 사각형을 찾아 기호를 쓰세요.

4
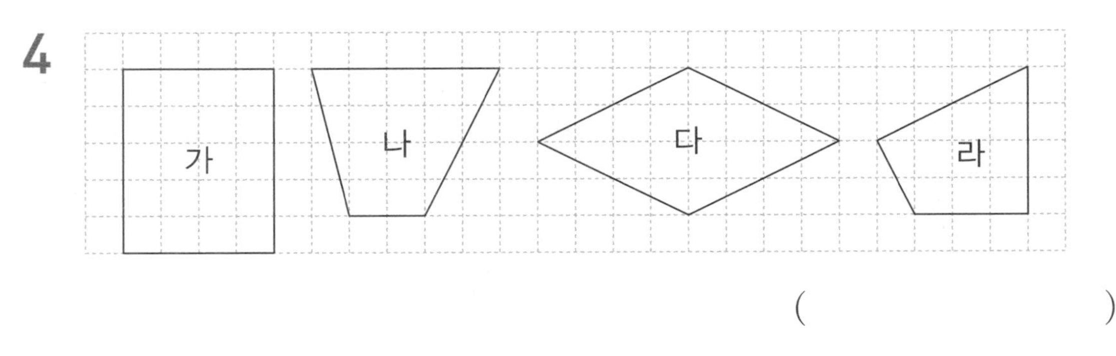

( )

5
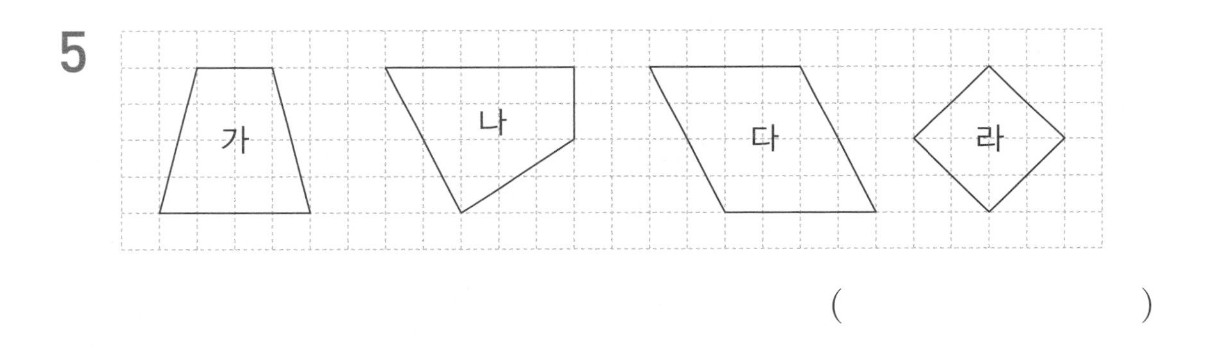

( )

6
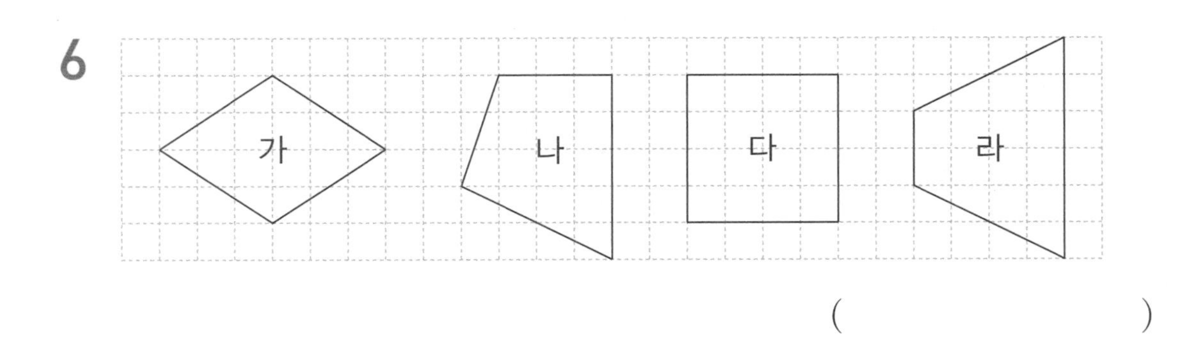

( )

모양 만들기/모양 채우기

이름 :
날짜 :
시간 : : ~ :

한 가지 도형으로 모양 만들기

★ 다음 모양을 만들려면 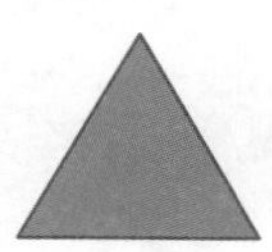 모양 조각은 몇 개 필요한가요?

〈학습자료〉 사용

1 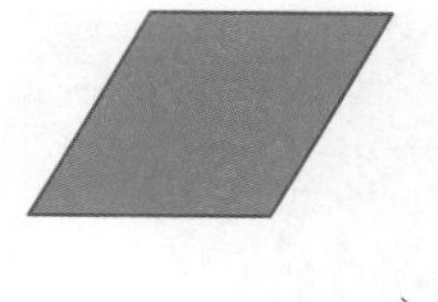

( )개

2 

( )개

3 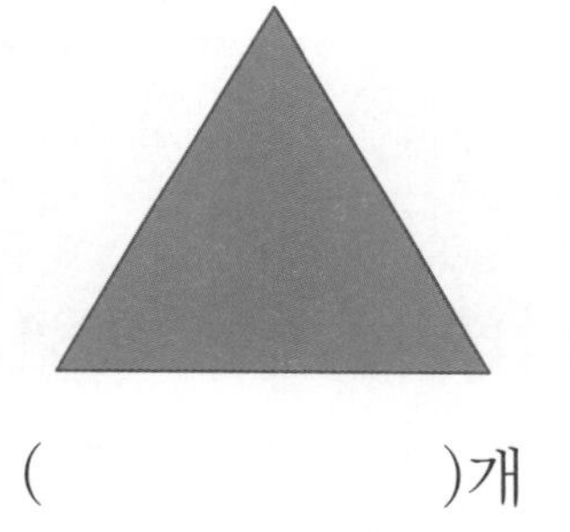

( )개

4 

( )개

5 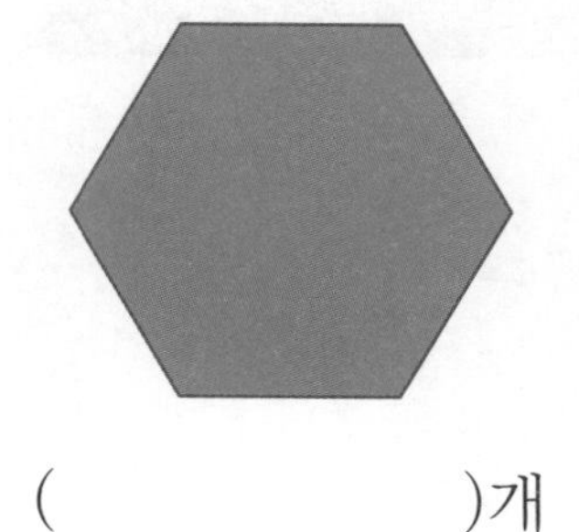

( )개

6 

( )개

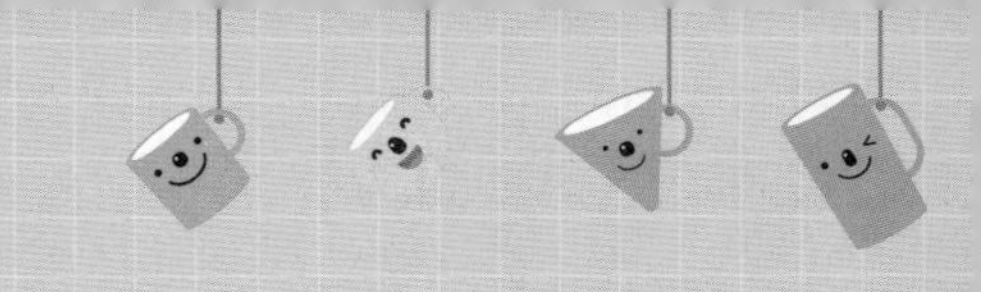

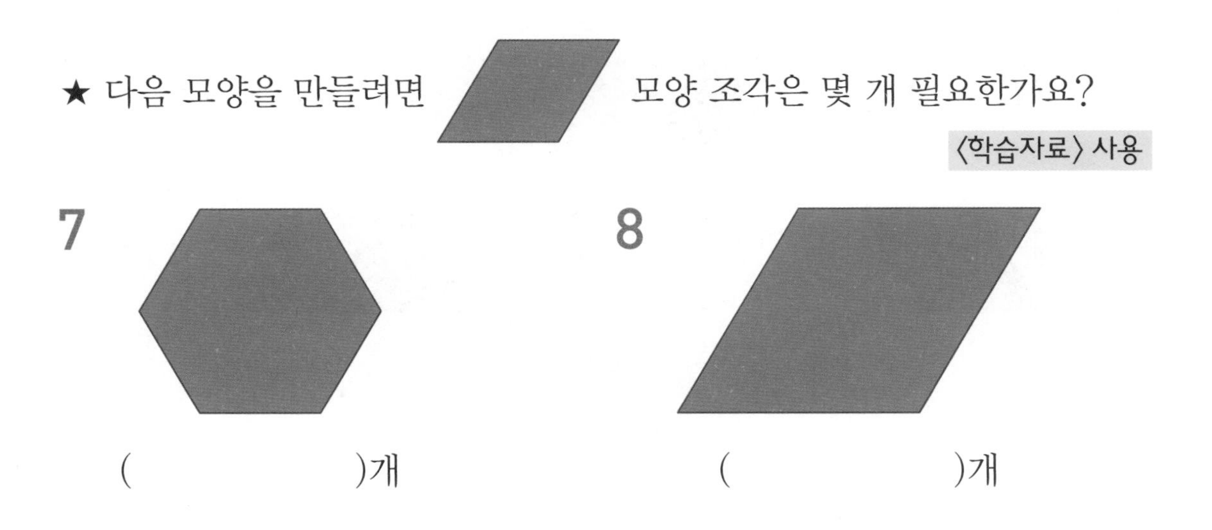

★ 다음 모양을 만들려면 모양 조각은 몇 개 필요한가요?

〈학습자료〉 사용

7

(　　　　　　)개

8

(　　　　　　)개

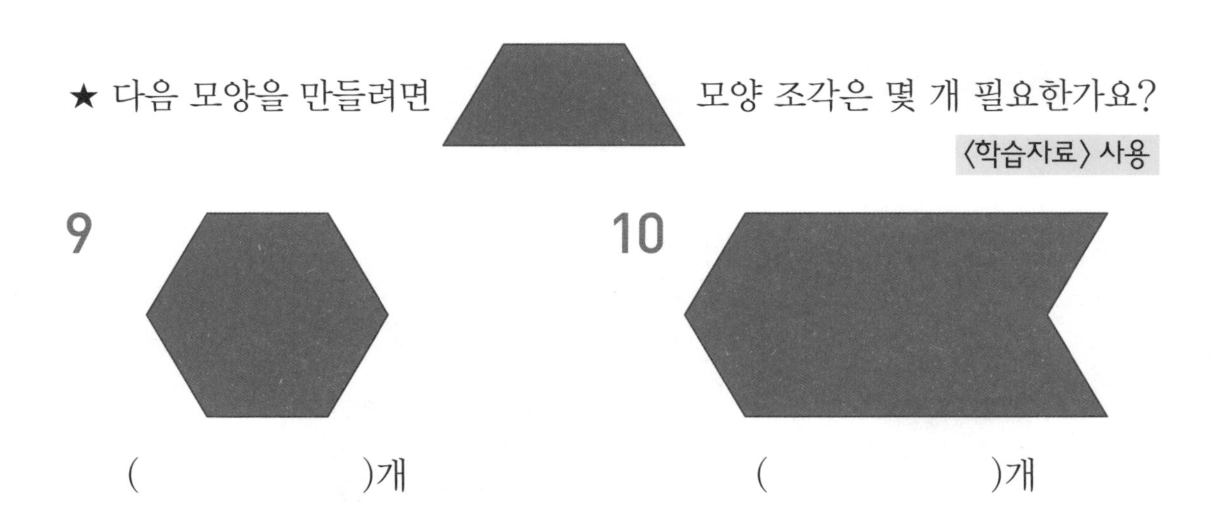

★ 다음 모양을 만들려면 모양 조각은 몇 개 필요한가요?

〈학습자료〉 사용

9

(　　　　　　)개

10

(　　　　　　)개

모양 만들기/모양 채우기

이름 :
날짜 :
시간 : : ~ :

만든 모양을 보고 사용한 다각형 알기

★ 보기 에서 2가지 모양 조각을 골라 한 번씩만 사용하여 모양을 만들었습니다. 사용한 다각형을 모두 찾아 이름을 써 보세요. 〈학습자료〉 사용

보기

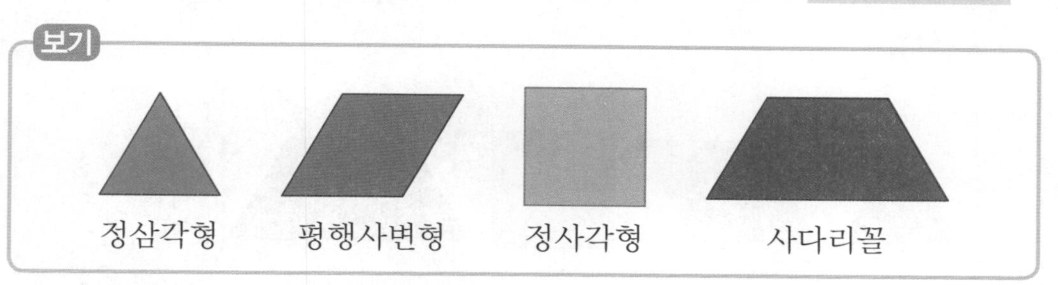

1

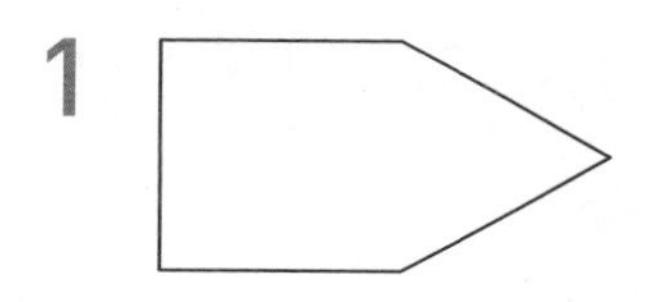

( )

2

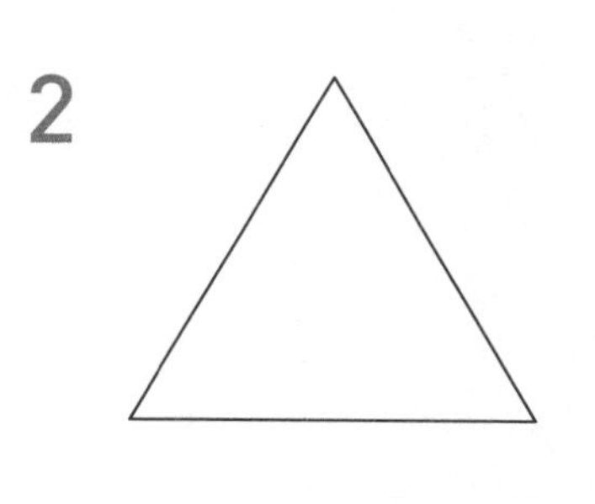

( )

3

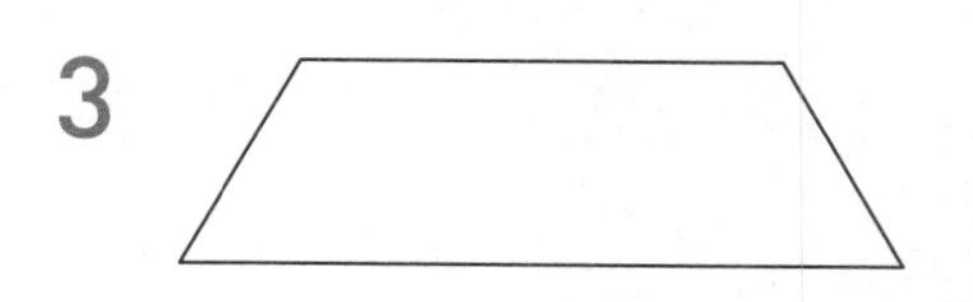

( )

★ 보기 에서 3가지 모양 조각을 골라 한 번씩만 사용하여 모양을 만들었습니다. 사용한 다각형을 모두 찾아 이름을 써 보세요. 〈학습자료〉 사용

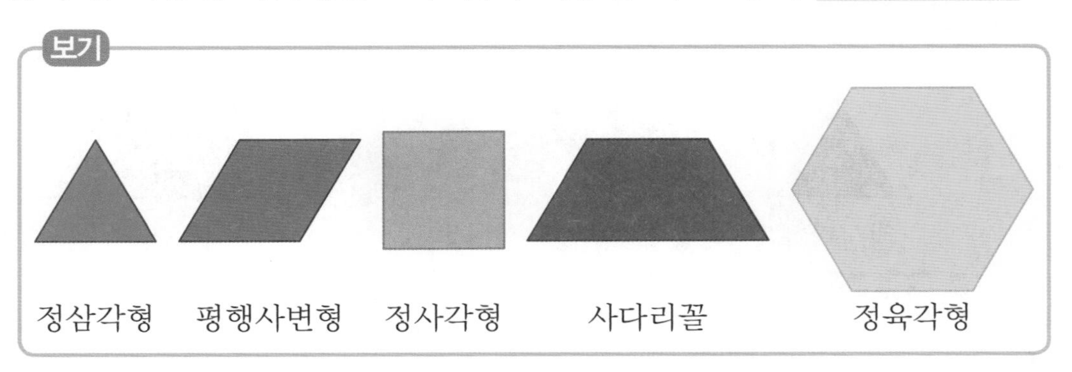

4

( )

5

( )

6

( )

모양 만들기/모양 채우기

이름 :
날짜 :
시간 : : ~ :

모양 조각으로 다각형 만들기

1 2가지 모양 조각을 사용하여 사다리꼴을 만들어 보세요. 〈학습자료〉 사용

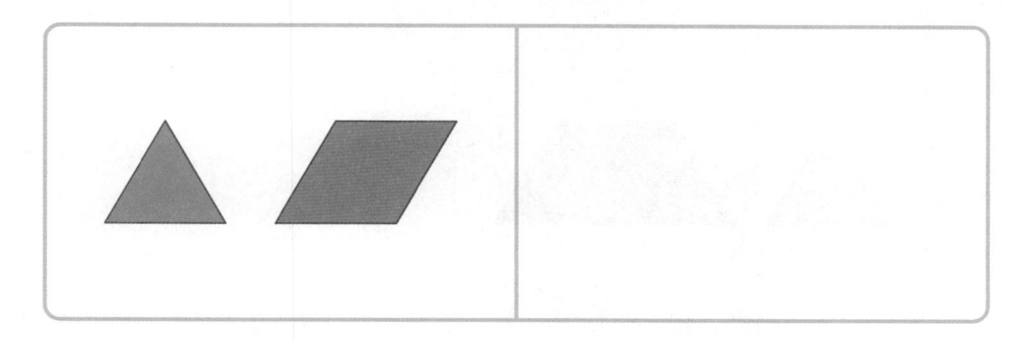

2 2가지 모양 조각을 사용하여 오각형을 만들어 보세요. 〈학습자료〉 사용

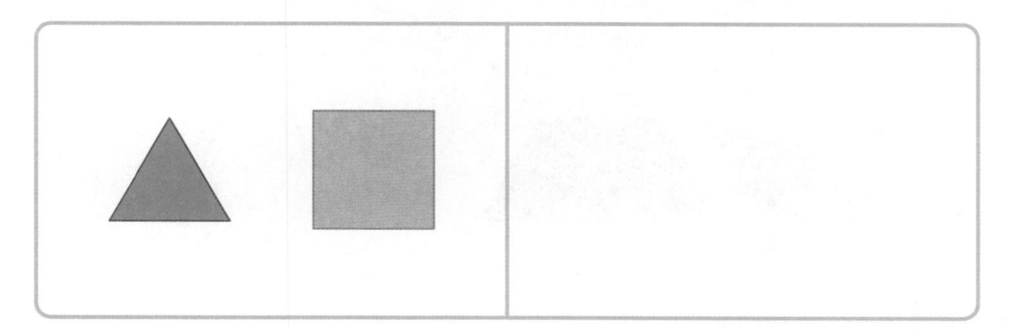

3 2가지 모양 조각을 사용하여 정삼각형을 만들어 보세요. 〈학습자료〉 사용

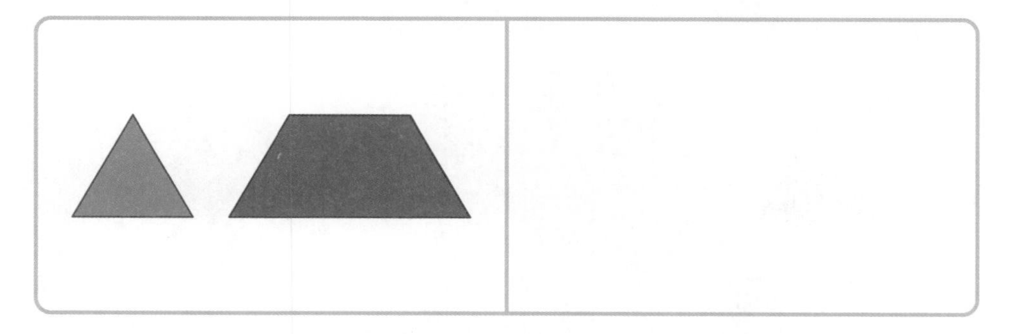

자르는 선

4 2가지 모양 조각을 사용하여 평행사변형을 만들어 보세요. 〈학습자료〉 사용

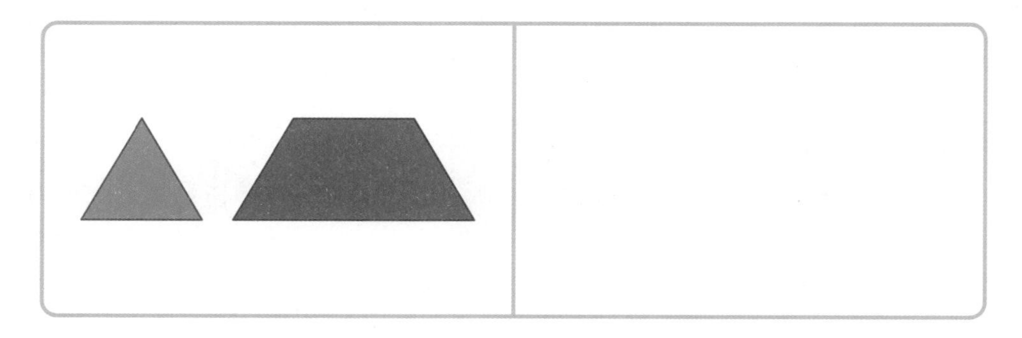

5 2가지 모양 조각을 사용하여 사다리꼴을 만들어 보세요. 〈학습자료〉 사용

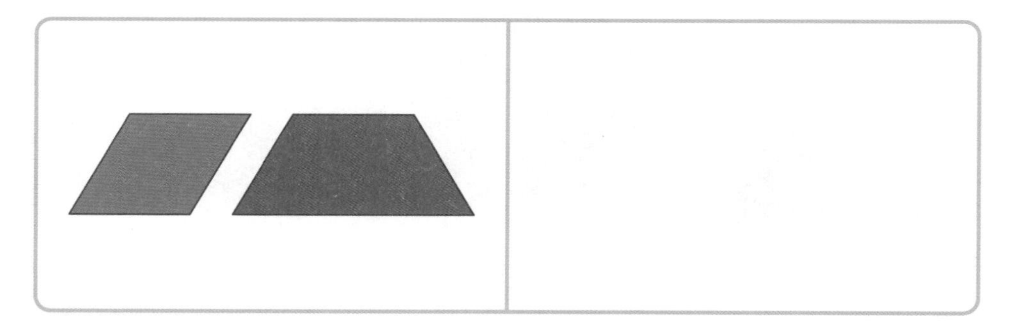

6 2가지 모양 조각을 사용하여 오각형을 만들어 보세요. 〈학습자료〉 사용

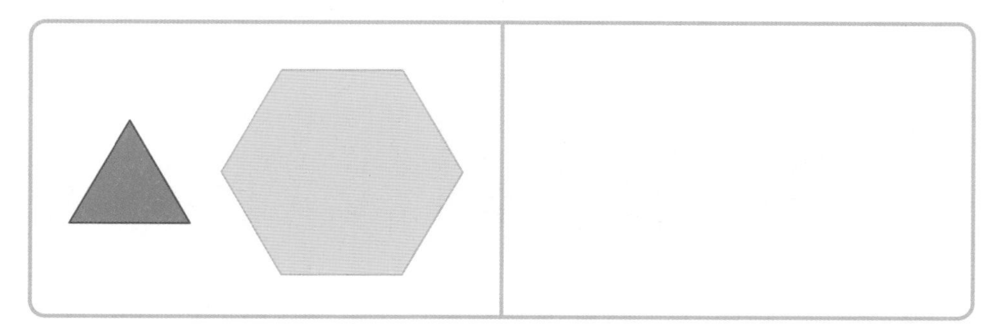

37a

모양 만들기/모양 채우기

이름 :
날짜 :
시간 : : ~ :

모양 조각으로 나만의 모양 만들기

1 모양 조각을 모두 사용하여 나만의 모양을 만들고, 만든 모양에 이름을 붙여 보세요. 〈학습자료〉 사용

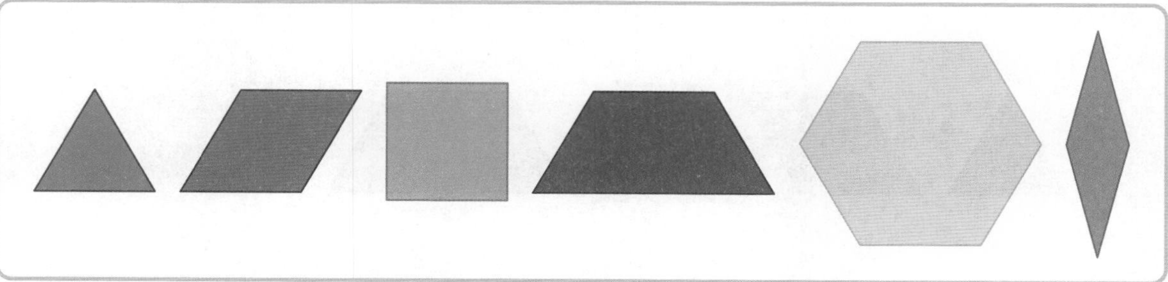

같은 모양 조각을 여러 번 사용할 수 있어요.

( )

2 모양 조각을 모두 사용하여 나만의 모양을 만들고, 만든 모양에 이름을 붙여 보세요. 〈학습자료〉 사용

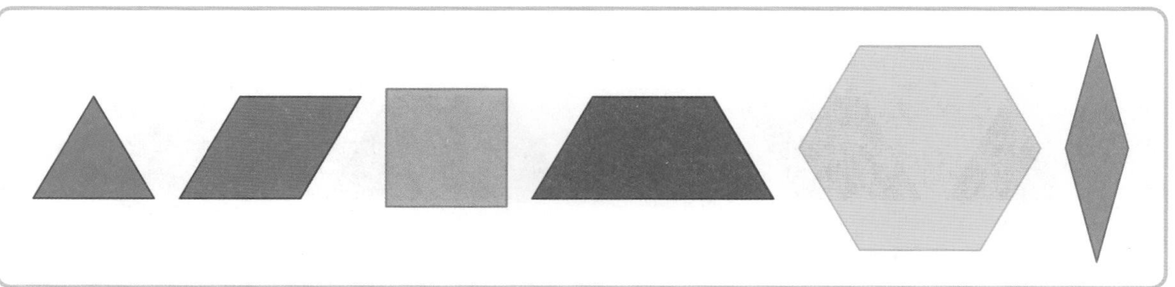

같은 모양 조각을 여러 번 사용할 수 있어요.

(　　　　　　　　　　　　)

모양 만들기/모양 채우기

이름 :
날짜 :
시간 : : ~ :

모양 조각으로 모양 채우기 ①

★ 3가지 모양 조각을 사용하여 주어진 모양을 다양한 방법으로 채워 보세요. 〈학습자료〉 사용

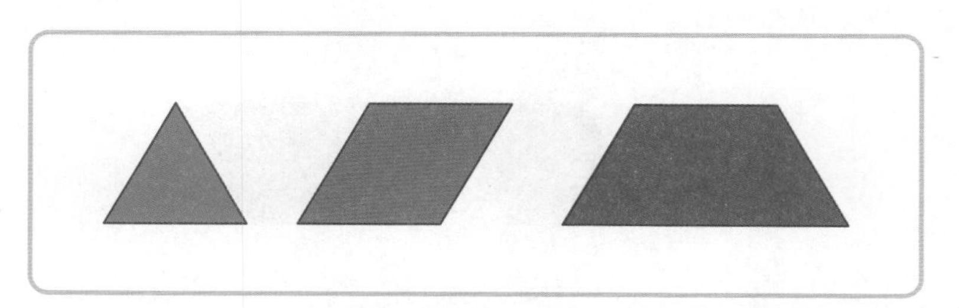

1

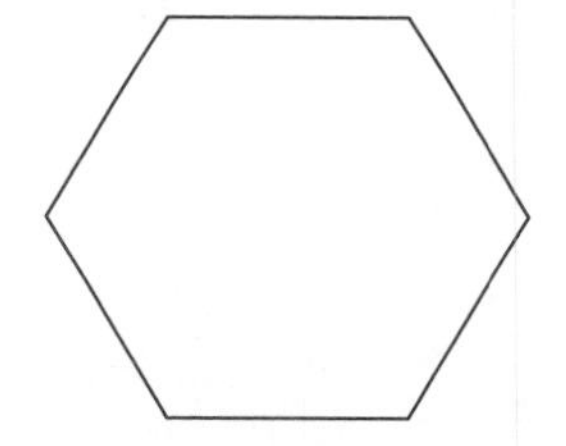

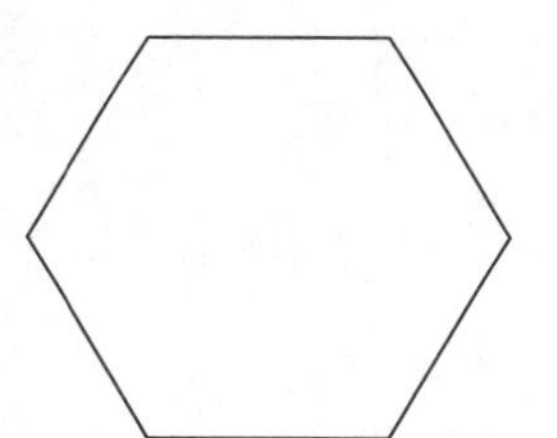

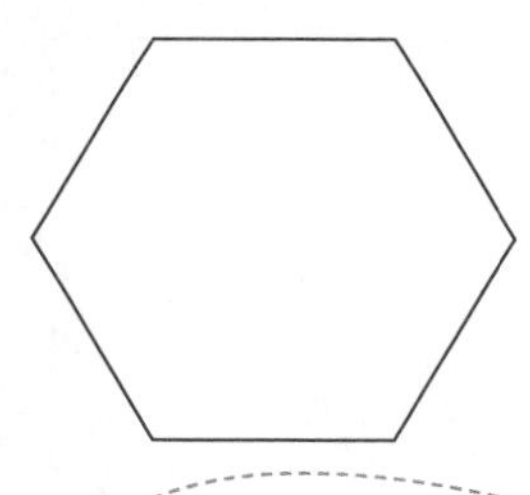

같은 모양 조각으로만 채울 수도 있고, 같은 모양 조각을 여러 번 사용할 수도 있어요.

2

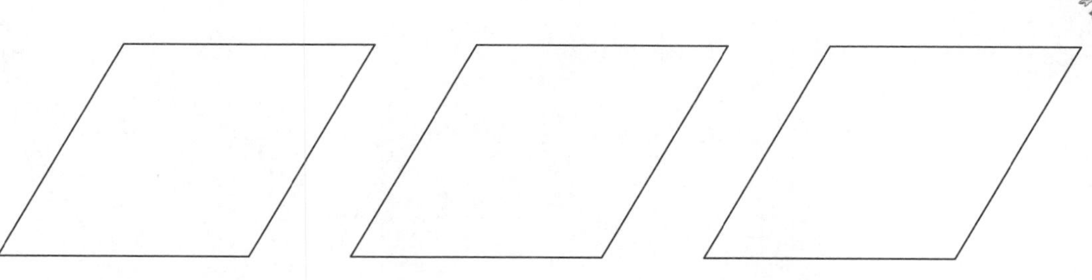

자르는 선

★ 3가지 모양 조각을 사용하여 주어진 모양을 다양한 방법으로 채워 보세요. 〈학습자료〉 사용

3

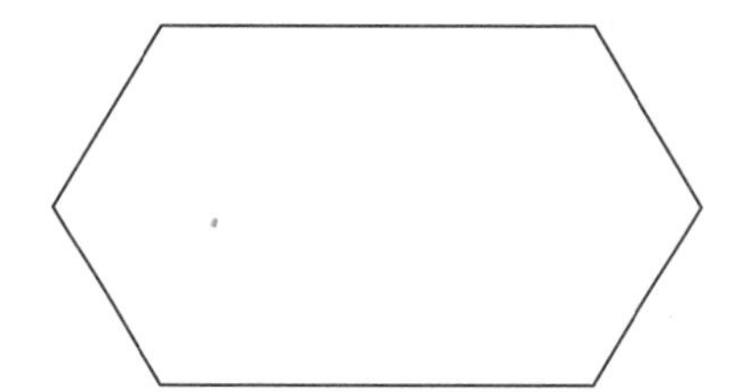

같은 모양 조각으로만 채울 수도 있고, 같은 모양 조각을 여러 번 사용할 수도 있어요.

4

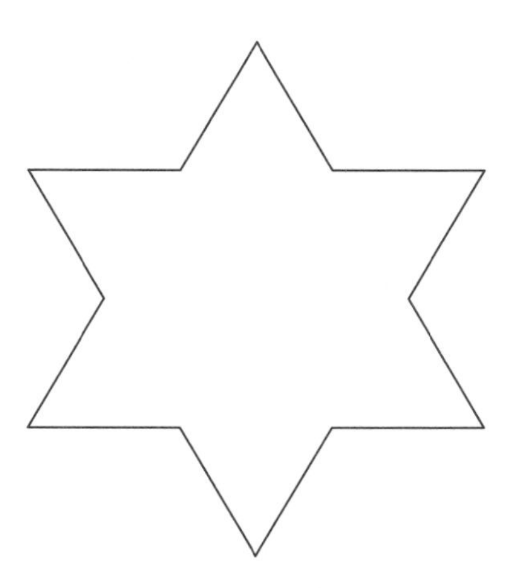

모양 만들기/모양 채우기

이름 :
날짜 :
시간 : : ~ :

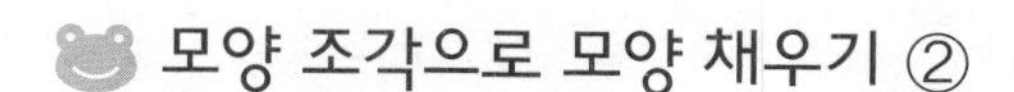

모양 조각으로 모양 채우기 ②

★ 4가지 모양 조각을 사용하여 주어진 모양을 다양한 방법으로 채워 보세요. 〈학습자료〉 사용

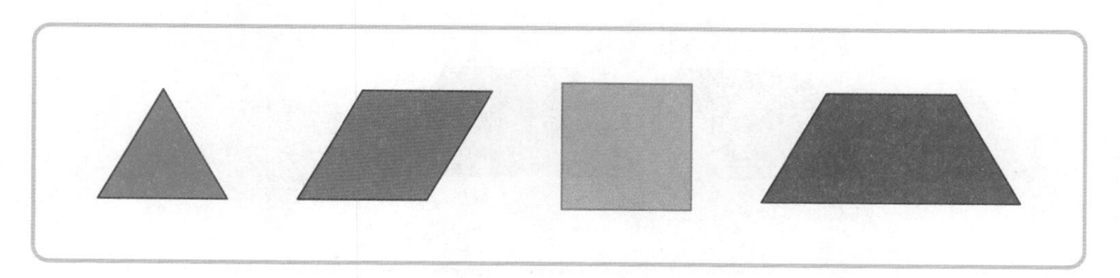

1

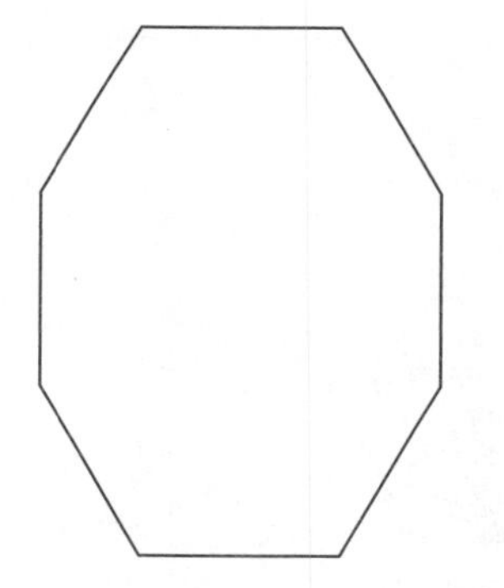

2

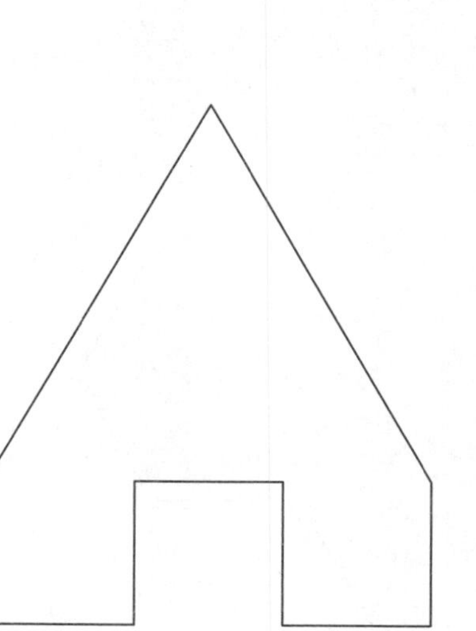

★ 4가지 모양 조각을 사용하여 주어진 모양을 채워 보세요. 〈학습자료〉 사용

3

같은 모양 조각으로만 채울 수도 있고, 같은 모양 조각을 여러 번 사용할 수도 있어요.

4

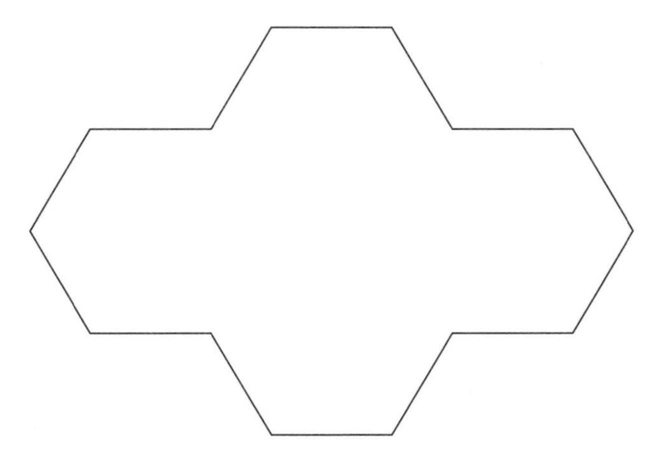

모양 만들기/모양 채우기

이름 :
날짜 :
시간 : : ~ :

모양 조각으로 모양 채우기 ③

★ 모양 조각을 모두 한 번씩만 사용하여 주어진 모양을 채워 보세요.

〈학습자료〉 사용

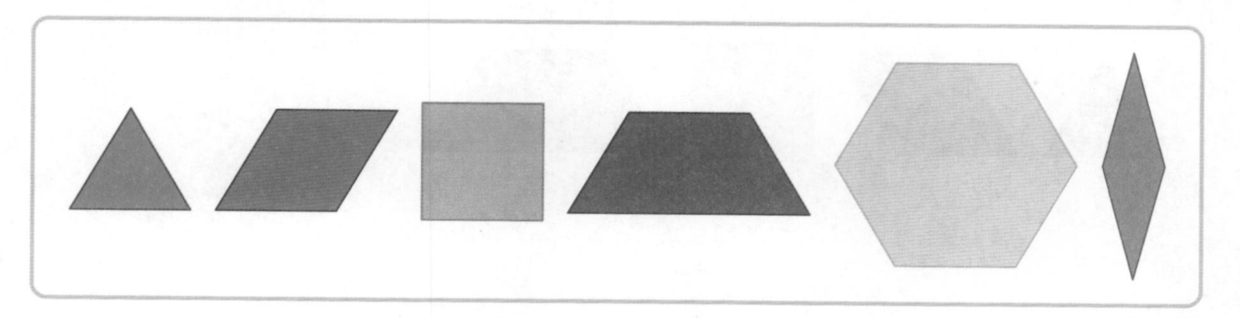

1

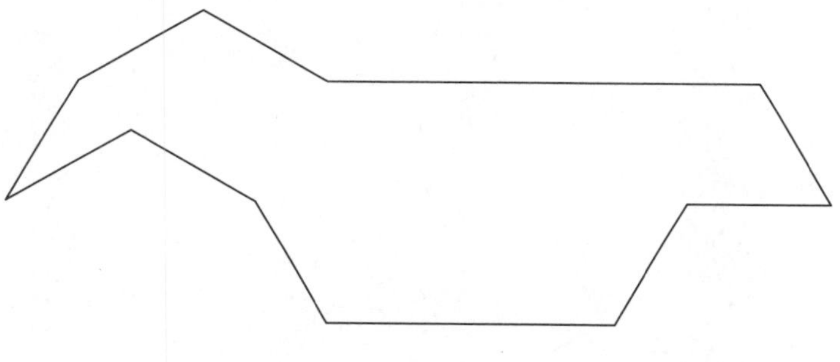

2

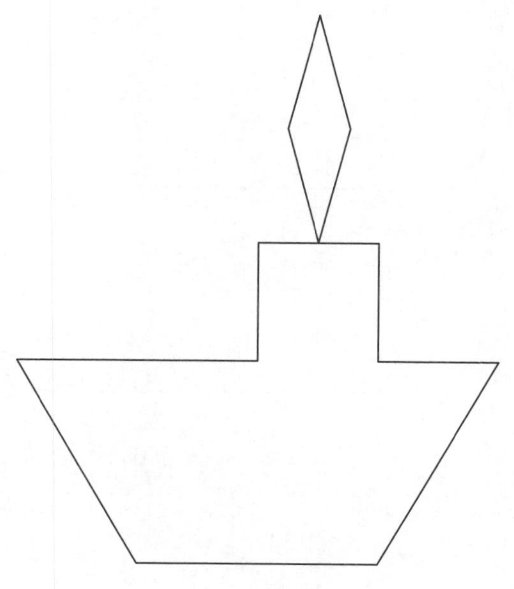

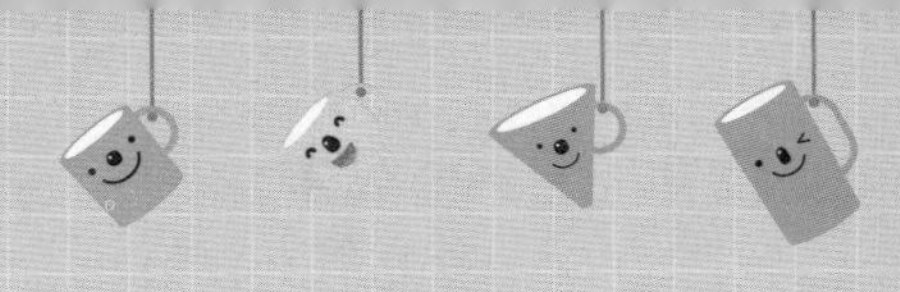

〈학습자료〉 사용

★ 모양 조각을 모두 한 번씩만 사용하여 주어진 모양을 채워 보세요.

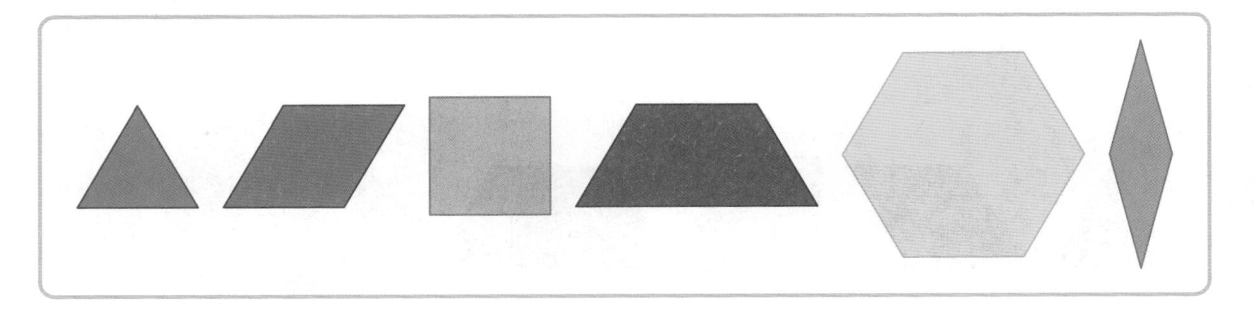

3

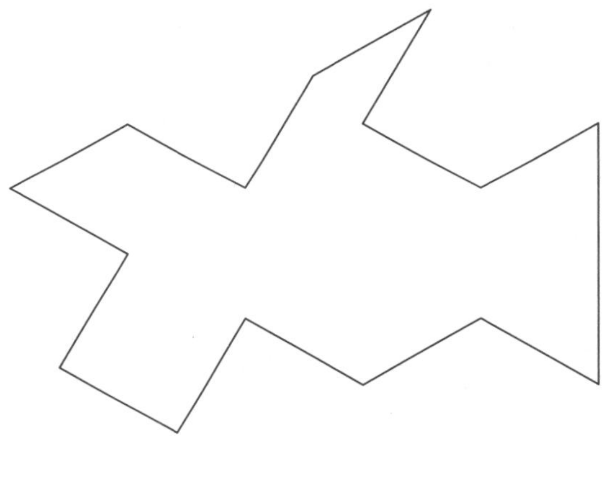

4

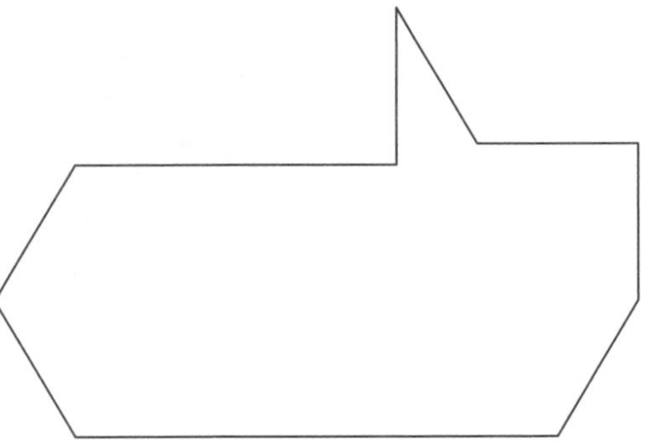

다음 학습 연관표

13과정 사각형/다각형 → 14과정 다각형의 둘레와 넓이

기탄영역별수학
도형·측정편

13과정 | 사각형/다각형

이름			
실시 연월일	년	월	일
걸린 시간	분		초
오답 수		/	15

기초부터 탄탄하게
기탄교육

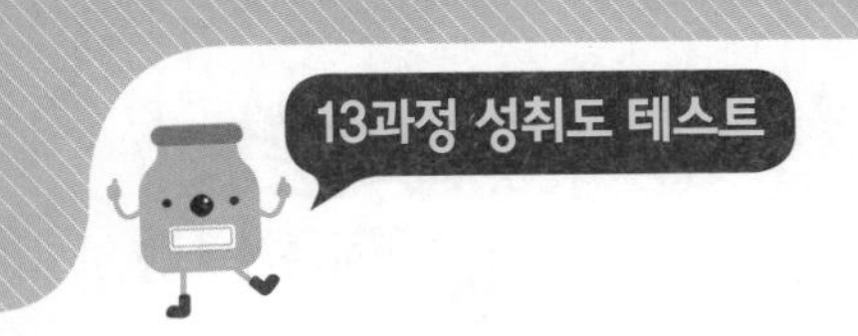

★ 그림을 보고 알맞은 사각형을 모두 찾아 기호를 써 보세요.(1~5)

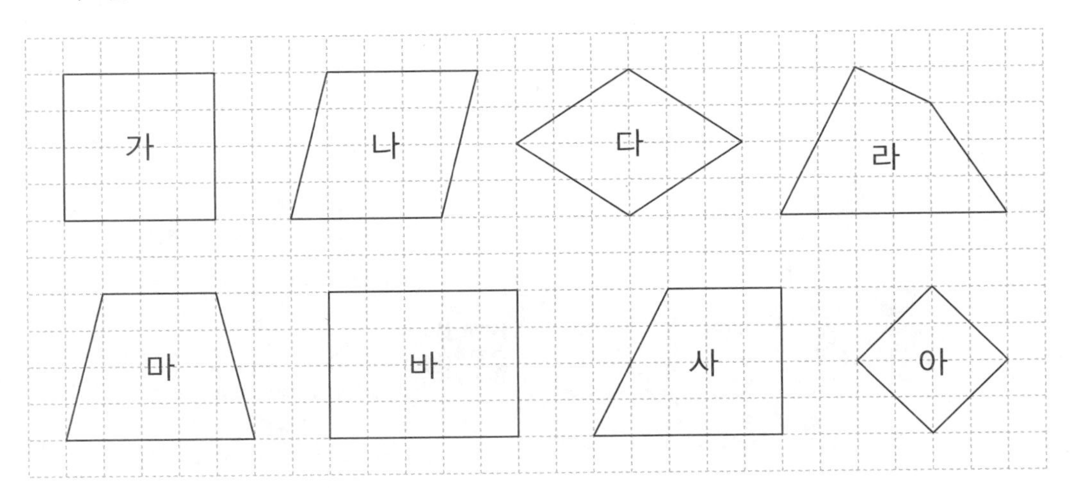

	도형	기호
1	사다리꼴	
2	평행사변형	
3	마름모	
4	직사각형	
5	정사각형	

★ 도형을 보고 □ 안에 알맞은 수를 써넣으세요.(6~7)

6 평행사변형

9 cm
120°
60°
10 cm
□°
□ cm
□ cm

7 마름모

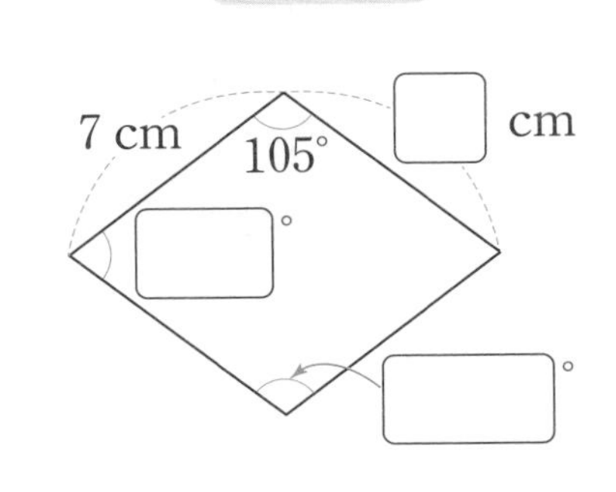

8 직사각형에 대한 설명으로 틀린 것을 모두 찾아 기호를 쓰세요.

㉠ 네 변의 길이가 모두 같습니다.
㉡ 마주 보는 두 쌍의 변이 서로 평행합니다.
㉢ 마주 보는 두 변의 길이가 서로 같습니다.
㉣ 네 각이 모두 직각입니다.
㉤ 정사각형이라고 할 수 있습니다.

( )

9 다각형이 아닌 것을 찾아 기호를 쓰세요.

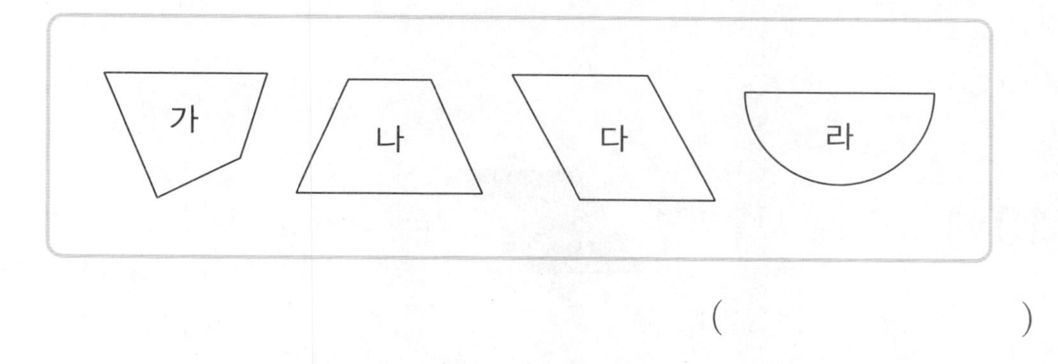

( )

10 정다각형을 찾아 기호를 쓰고 그 이름을 쓰세요.

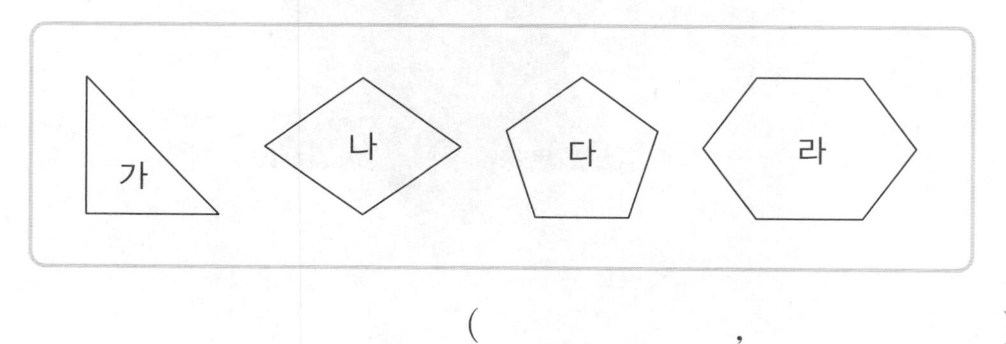

(,)

★ 도형을 보고 물음에 답하세요. (11~12)

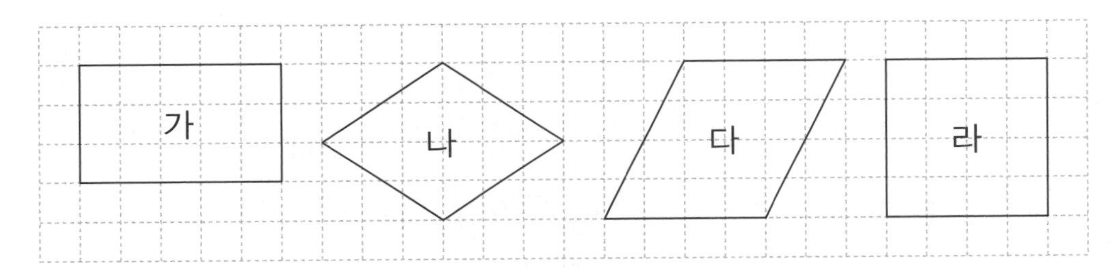

11 두 대각선의 길이가 같은 사각형을 모두 찾아 기호를 쓰세요.

( )

12 두 대각선이 서로 수직으로 만나는 사각형을 모두 찾아 기호를 쓰세요.

( )

13 다음 모양을 만들려면  모양 조각은 몇 개 필요한가요?

〈학습자료〉 사용

( )개

★ 모양 조각을 보고 물음에 답하세요. (14~15) 〈학습자료〉 사용

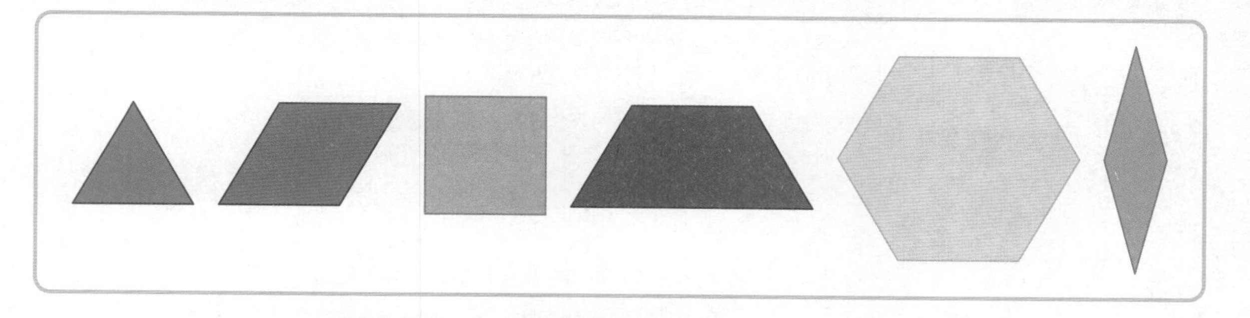

14 △, ▱, ⏢ 모양 조각 중에서 2가지를 사용하여 주어진 정삼각형을 만들려고 합니다. 서로 다른 방법으로 정삼각형을 채워 보세요.

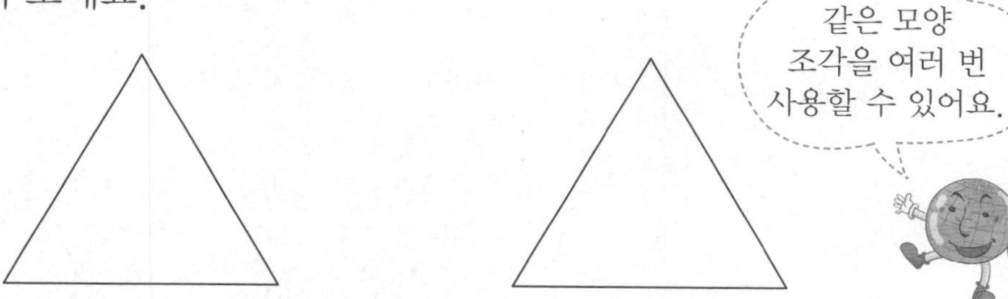

15 모양 조각을 모두 한 번씩만 사용하여 주어진 모양을 채워 보세요.

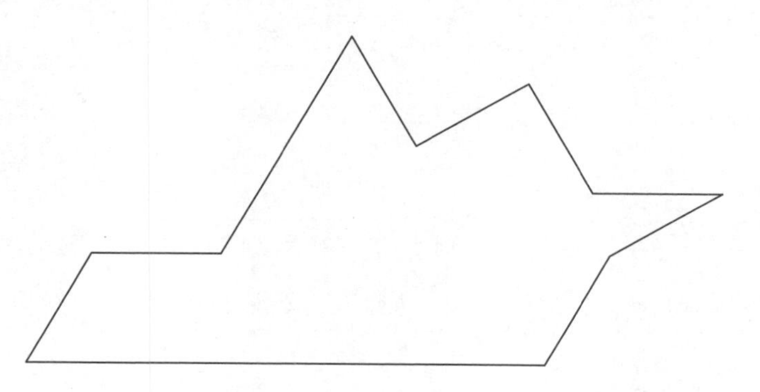

성취도 테스트 결과표

13과정 | 사각형/다각형

번호	평가 요소	평가 내용	결과(O, X)	관련 내용
1	사다리꼴 알기	사다리꼴은 평행한 변이 한 쌍이라도 있는 사각형이라는 것을 알고 찾을 수 있는지 확인하는 문제입니다.		1a
2	평행사변형 알기	평행사변형은 마주 보는 두 쌍의 변이 서로 평행한 사각형이라는 것을 알고 찾을 수 있는지 확인하는 문제입니다.		4a
3	마름모 알기	마름모는 네 변의 길이가 모두 같은 사각형이라는 것을 알고 찾을 수 있는지 확인하는 문제입니다.		9a
4	직사각형, 정사각형 알기	직사각형은 네 각이 모두 직각인 사각형이라는 것을 알고 찾을 수 있는지 확인하는 문제입니다.		14a
5		정사각형은 네 변의 길이가 모두 같고, 네 각이 모두 직각인 사각형이라는 것을 알고 찾을 수 있는지 확인하는 문제입니다.		
6	평행사변형 알기	평행사변형은 마주 보는 두 변의 길이와 마주 보는 두 각의 크기가 서로 같다는 것을 아는지 확인하는 문제입니다.		7a
7	마름모 알기	마름모는 네 변의 길이가 같고, 마주 보는 두 각의 크기가 서로 같다는 것을 아는지 확인하는 문제입니다.		12a
8	직사각형, 정사각형 알기	직사각형의 여러 가지 성질을 아는지 확인하는 문제입니다.		15a
9	다각형 알기	다각형은 선분으로만 둘러싸인 도형이라는 것을 알고 찾을 수 있는지 확인하는 문제입니다.		21a
10	정다각형 알기	정다각형은 변의 길이가 모두 같고, 각의 크기가 모두 같은 다각형이라는 것을 알고 찾을 수 있는지 확인하는 문제입니다.		26a
11	대각선 알기	사각형의 두 대각선의 길이와 두 대각선이 어떻게 만나는지를 아는지 확인하는 문제입니다.		32a
12				32b
13	모양 만들기/ 모양 채우기	모양 조각을 사용하여 주어진 모양을 만들 때 필요한 모양 조각은 몇 개인지 알아보는 문제입니다.		34a
14		모양 조각을 사용하여 다양한 방법으로 주어진 모양을 채울 수 있는지 확인하는 문제입니다.		38a
15				40a

평가	□ A등급(매우 잘함)	□ B등급(잘함)	□ C등급(보통)	□ D등급(부족함)
오답 수	0~1	2~3	4~5	6~

- A, B등급: 다음 교재를 시작하세요.
- C등급: 틀린 부분을 다시 한번 더 공부한 후, 다음 교재를 시작하세요.
- D등급: 본 교재를 다시 구입하여 복습한 후, 다음 교재를 시작하세요.

기탄영역별수학
도형·측정편

정답과 풀이

13과정 | 사각형/다각형

※ 정답과 풀이는 따로 보관하고 있다가 채점할 때 사용해 주세요.

기초부터 탄탄하게 기탄교육

1ab

1 가, 나, 다, 라, 바, 아, 차, 카 /
마, 사, 자, 타
2 가, 나, 라, 마, 사, 자, 차 /
다, 바, 아, 카, 타

2ab

1 가, 나, 마, 바
2 가, 다, 라, 마
3 가, 다, 라, 바
4 가, 나, 라

〈풀이〉

1 가, 마는 마주 보는 두 쌍의 변이 평행합니다. 따라서 평행한 변이 한 쌍이라도 있는 사다리꼴이라고 할 수 있습니다.
다, 라는 평행한 변이 없으므로 사다리꼴이 아닙니다.

2 라, 마는 마주 보는 두 쌍의 변이 평행합니다. 따라서 평행한 변이 한 쌍이라도 있는 사다리꼴이라고 할 수 있습니다.
나, 바는 평행한 변이 없으므로 사다리꼴이 아닙니다.

3ab

1 예

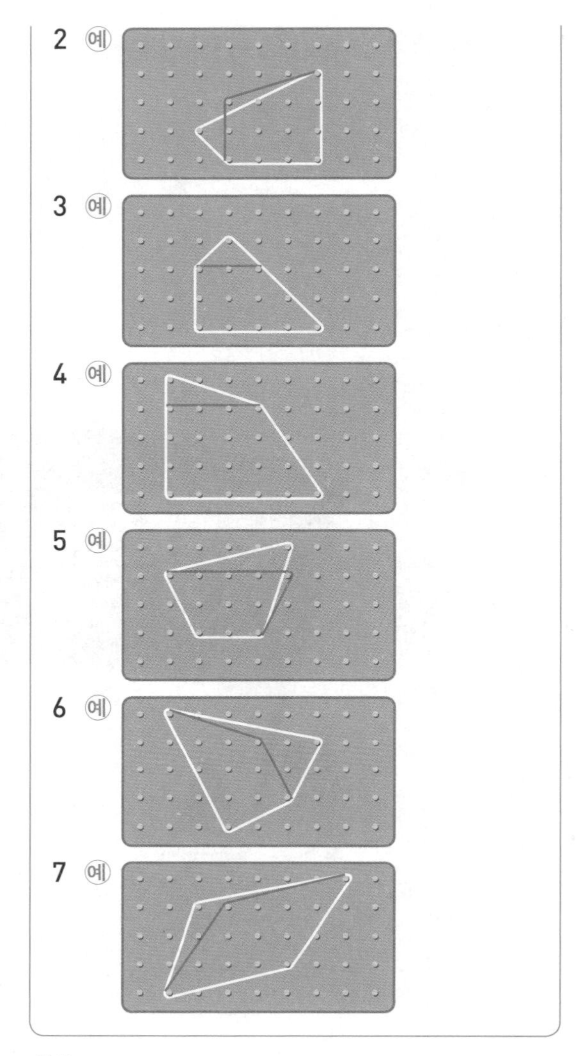

〈풀이〉

2~7 평행한 변이 한 쌍이라도 있도록 꼭짓점 한 개를 옮깁니다.

4ab

1 나, 마, 아, 차, 타 /
가, 다, 라, 바, 사, 자, 카
2 다, 라, 바, 아, 자, 카 /
가, 나, 마, 사, 차, 타

5ab

1 가, 다, 마
2 가, 라
3 가, 다, 라, 마
4 가, 나, 마

〈풀이〉

1 마주 보는 두 쌍의 변이 서로 평행한 사각형은 가, 다, 마입니다.

2 마주 보는 두 쌍의 변이 서로 평행한 사각형은 가, 라입니다.

6ab

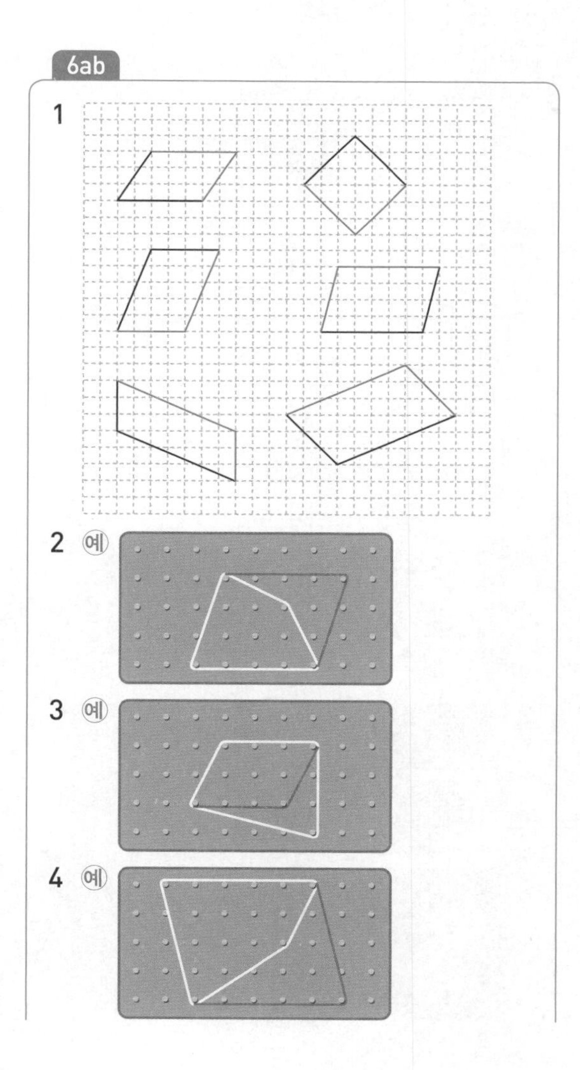

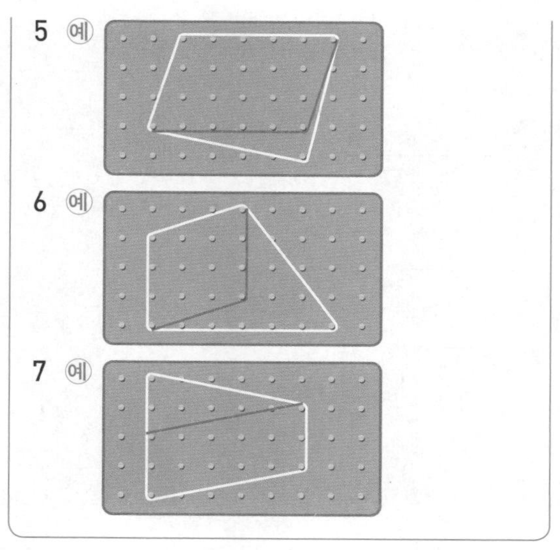

〈풀이〉

2~7 마주 보는 두 쌍의 변이 서로 평행하도록 꼭짓점 한 개를 옮깁니다.

7ab

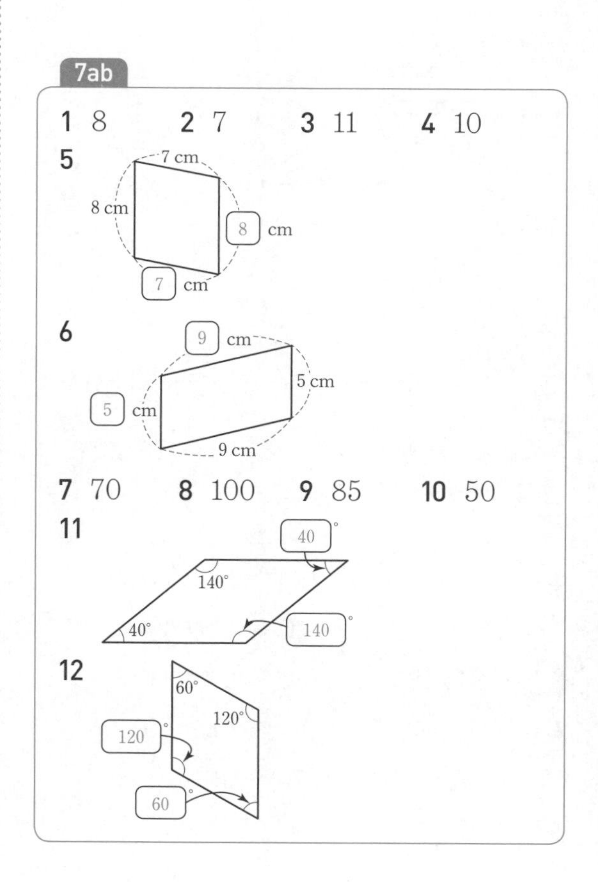

8ab

1 50　　2 120　　3 140
4 75　　5 70　　6 125

7
70°
110°
70°

8 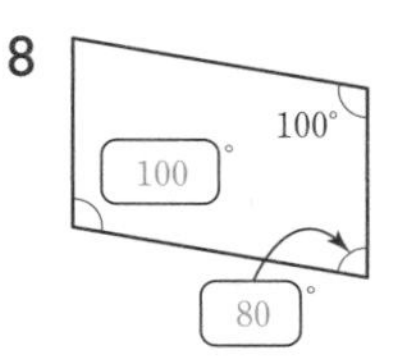

9 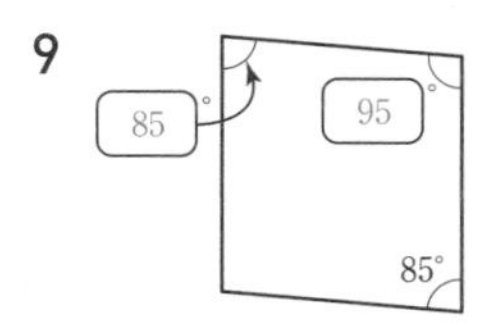

10 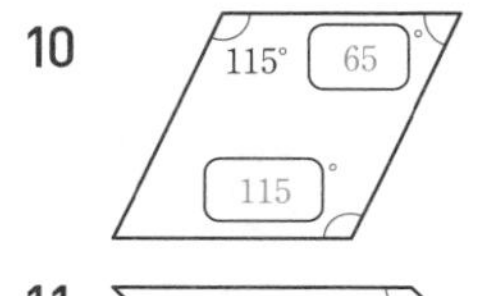

11 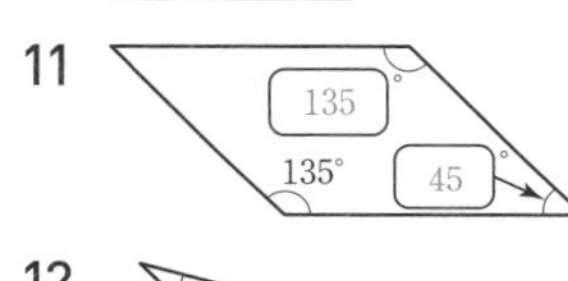

12 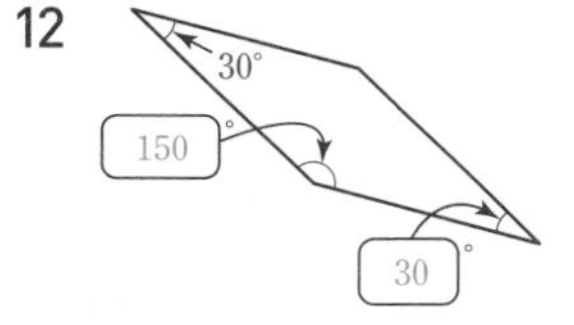

〈풀이〉

※ 평행사변형은 마주 보는 두 각의 크기가 같고, 이웃한 두 각의 크기의 합이 180°입니다.

1 □+130°=180°, □=180°−130°=50°

2 □+60°=180°, □=180°−60°=120°

3 □+40°=180°, □=180°−40°=140°

4 □+105°=180°, □=180°−105°=75°

5 □+110°=180°, □=180°−110°=70°

6 □+55°=180°, □=180°−55°=125°

9ab

1 가, 다, 라, 바, 사, 차, 타 /
나, 마, 아, 자, 카

2 나, 다, 라, 마, 아, 자, 카 /
가, 바, 사, 차, 타

10ab

1 가, 마　　2 나, 라
3 다, 라　　4 다, 바

〈풀이〉

1 네 변의 길이가 모두 같은 사각형은 가, 마입니다.

2 네 변의 길이가 모두 같은 사각형은 나, 라입니다.

11ab

1 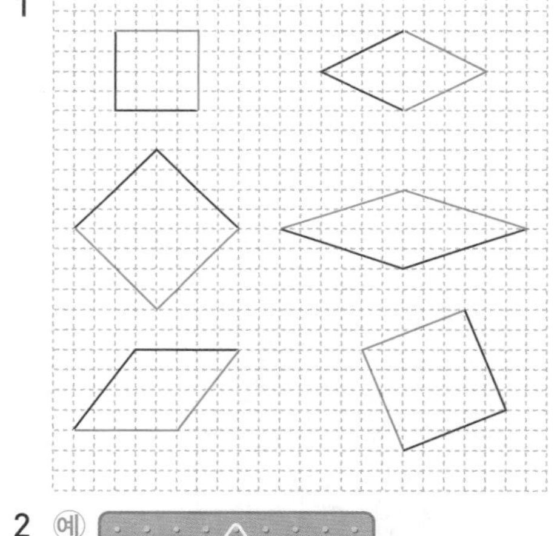

2 예 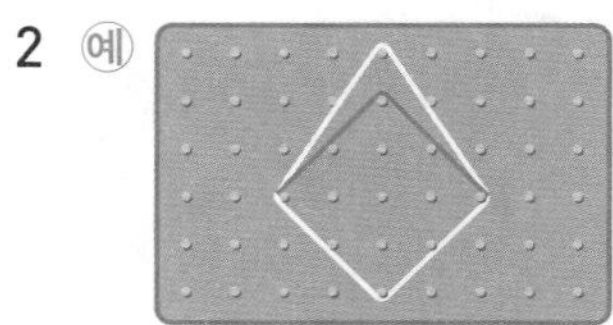

3 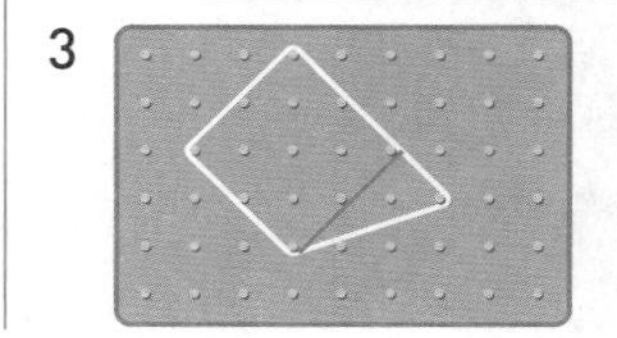

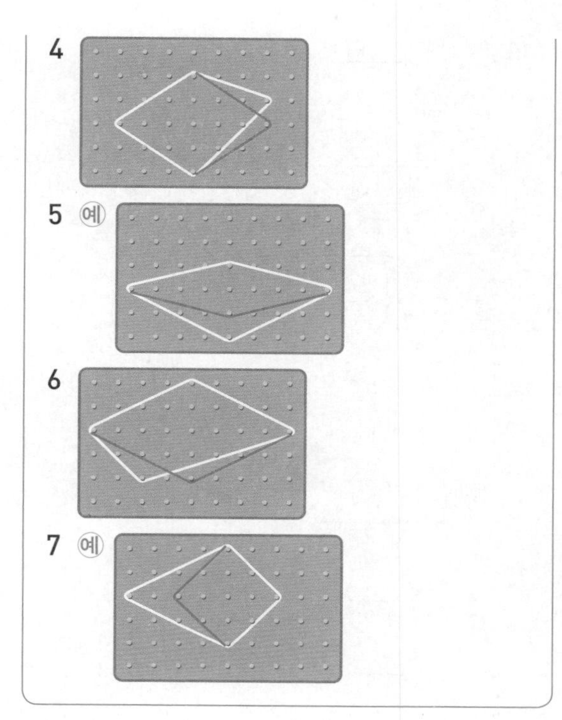

〈풀이〉

1 네 변의 길이가 모두 같은 사각형을 그립니다.

2~7 도형판에 만들어진 사각형이 마름모가 되도록 꼭짓점 한 개만 옮겨서 네 변의 길이가 모두 같은 사각형을 만듭니다.

12ab

1 9	**2** 5
3 3	**4** 6
5 10, 10	**6** 7, 7, 7
7 140	**8** 70
9 95	**10** 80

11 60°, 120°, 120°, 60°

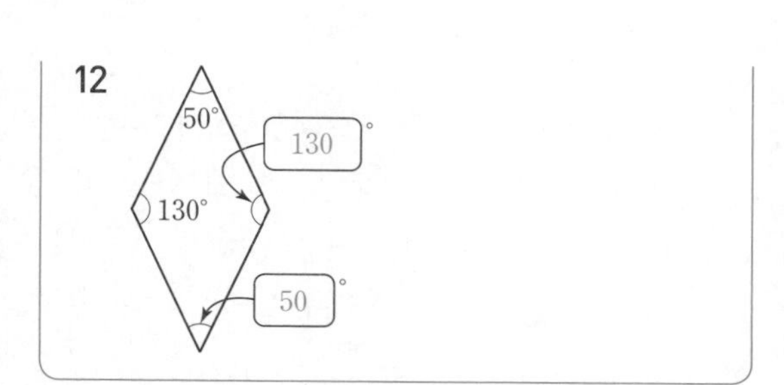

13ab

1 70	**2** 120	**3** 150
4 85	**5** 55	**6** 105

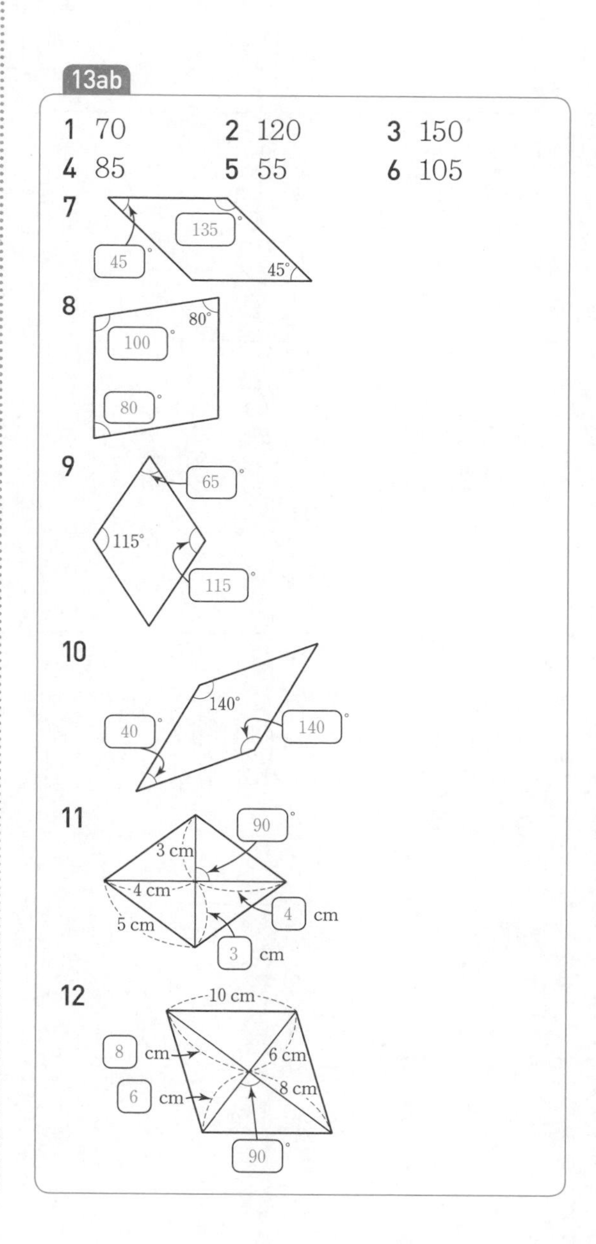

〈풀이〉

※ 마름모는 마주 보는 두 각의 크기가 같고, 이웃한 두 각의 크기의 합이 180°입니다.

1 $\square+110°=180°$, $\square=180°-110°=70°$

2 $\square+60°=180°$, $\square=180°-60°=120°$

3 $\square+30°=180°$, $\square=180°-30°=150°$

4 $\square+95°=180°$, $\square=180°-95°=85°$

14ab

1

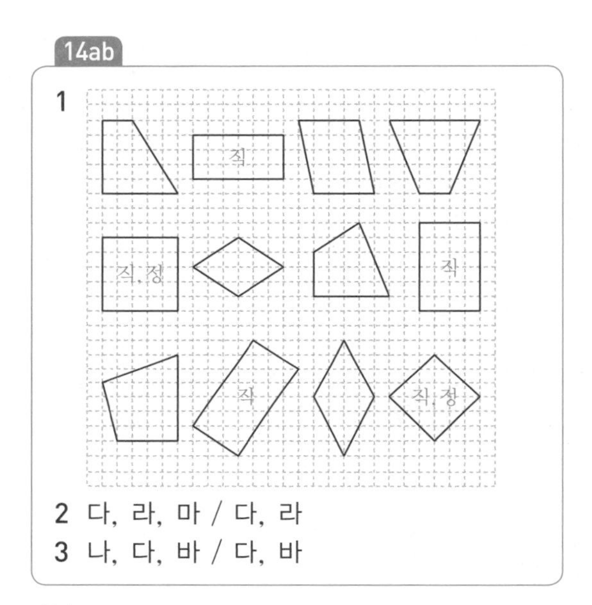

2 다, 라, 마 / 다, 라

3 나, 다, 바 / 다, 바

〈풀이〉

1~3 직사각형은 마주 보는 두 변의 길이가 같고 네 각이 모두 직각입니다.
정사각형은 네 변의 길이가 모두 같고 네 각이 모두 직각입니다.

15ab

1 ○ 2 × 3 ○ 4 ×
5 ○ 6 ○ 7 ○ 8 ○

9
10 cm
8 cm
8 cm
10 cm

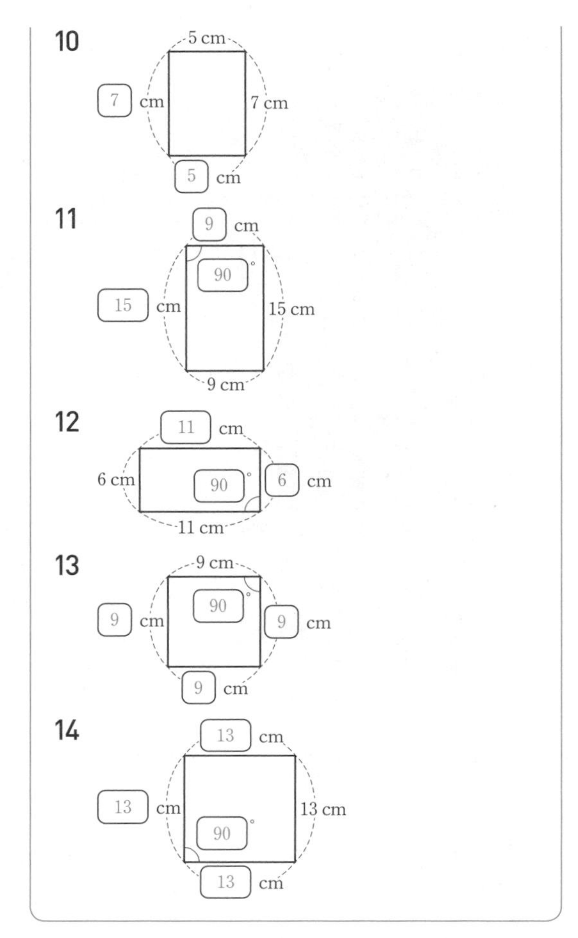

〈풀이〉

2 직사각형은 마주 보는 두 변의 길이가 같습니다.

4 네 변의 길이가 모두 같은 사각형을 마름모라고 합니다. 직사각형은 항상 네 변의 길이가 같은 것은 아니므로 마름모라고 할 수 없습니다.

16ab

1 나, 다, 라, 마, 사

2 나, 라, 바 3 라, 마

4 5 5 4 6 2

13과정 정답과 풀이

〈풀이〉

4 평행한 변이 한 쌍이라도 있는 사각형은 나, 다, 마, 바, 사로 모두 5개입니다.

5 마주 보는 두 쌍의 변이 서로 평행한 사각형은 가, 다, 마, 사로 모두 4개입니다.

6 네 각이 모두 직각인 사각형은 다, 사로 모두 2개입니다.

17ab

1 ㉠, ㉡　　2 ㉠, ㉡, ㉣
3 ㉠, ㉡, ㉢　　4 ㉢, ㉣, ㉤
5 ㉣, ㉤　　6 ㉢, ㉤

〈풀이〉

1 마주 보는 두 쌍의 변이 서로 평행하므로 사다리꼴, 평행사변형이라고 할 수 있습니다.

2 마주 보는 두 쌍의 변이 서로 평행하고, 네 각이 모두 직각이므로 사다리꼴, 평행사변형, 직사각형이라고 할 수 있습니다.

3 마주 보는 두 쌍의 변이 서로 평행하고, 네 변의 길이가 모두 같으므로 사다리꼴, 평행사변형, 마름모라고 할 수 있습니다.

18ab

1 가, 나, 다, 라, 마, 바, 아
2 나, 라, 마, 바, 아
3 마, 바, 아
4 나, 마, 아
5 마, 아
6 가, 나, 다, 라, 마, 사, 아
7 가, 다, 마, 사, 아
8 다, 마
9 다, 사
10 다

19ab

1 ㉠　　2 ㉡, ㉢　　3 ㉣
4 ㉠　　5 ㉡, ㉣　　6 ㉡

〈풀이〉

4 ㉠ 네 변의 길이가 모두 같은 사각형은 마름모입니다.

5 ㉡ 마름모는 네 변의 길이는 같지만 네 각이 항상 직각은 아니므로 정사각형이라고 할 수 없습니다.
㉣ 네 각의 크기가 모두 같은 것은 네 각이 모두 직각일 때입니다. 하지만 마름모는 네 각의 크기가 항상 직각은 아닙니다.

6 ㉡ 네 변의 길이가 모두 같은 사각형을 마름모라고 합니다. 직사각형은 항상 네 변의 길이가 같은 것은 아닙니다.

20ab

1 32　　2 26　　3 24　　4 44
5 28　　6 28　　7 28　　8 48

〈풀이〉

※ 평행사변형과 직사각형은 마주 보는 두 변의 길이가 서로 같고, 마름모와 정사각형은 네 변의 길이가 모두 같습니다.

1 9+7+9+7=32 (cm)

2 8+5+8+5=26 (cm)

3 6+6+6+6=24 (cm)

4 11+11+11+11=44 (cm)

21ab

1 가, 다, 라, 바, 아, 차, 카 /
나, 마, 사, 자, 타
2 가, 나, 라, 마, 사, 차, 타 /
다, 바, 아, 자, 카

22ab

1 나　　2 가　　3 나
4 다　　5 라　　6 나

〈풀이〉

1 도형 나는 선분으로 둘러싸여 있지 않고 열려 있는 도형이므로 다각형이 아닙니다.

2 도형 가는 곡선이 포함된 도형이므로 다각형이 아닙니다.

3 도형 나는 곡선이 포함된 도형이므로 다각형이 아닙니다.

23ab

1

변의 수(개)	3	4	5	6
도형의 기호	가, 사, 자	나, 라, 바, 카, 타	다, 마	아, 차

2

변의 수(개)	3	4	5	6
도형의 기호	가, 바, 카	다, 마, 아, 차	나, 사, 타	라, 자

〈풀이〉

※ 변이 3개인 다각형은 삼각형, 변이 4개인 다각형은 사각형, 변이 5개인 다각형은 오각형, 변이 6개인 다각형은 육각형이라고 부릅니다.

24ab

1

변의 수(개)	5	6	7	8
도형의 기호	라, 바, 아	나, 사	다, 마	가, 자

2

변의 수(개)	5	6	7	8
도형의 기호	나, 바	가, 마, 자	다, 사	라, 아

〈풀이〉

※ 변이 5개인 다각형은 오각형, 변이 6개인 다각형은 육각형, 변이 7개인 다각형은 칠각형, 변이 8개인 다각형은 팔각형이라고 부릅니다.

25ab

1 예
2 예
3 예
4 예
5 예

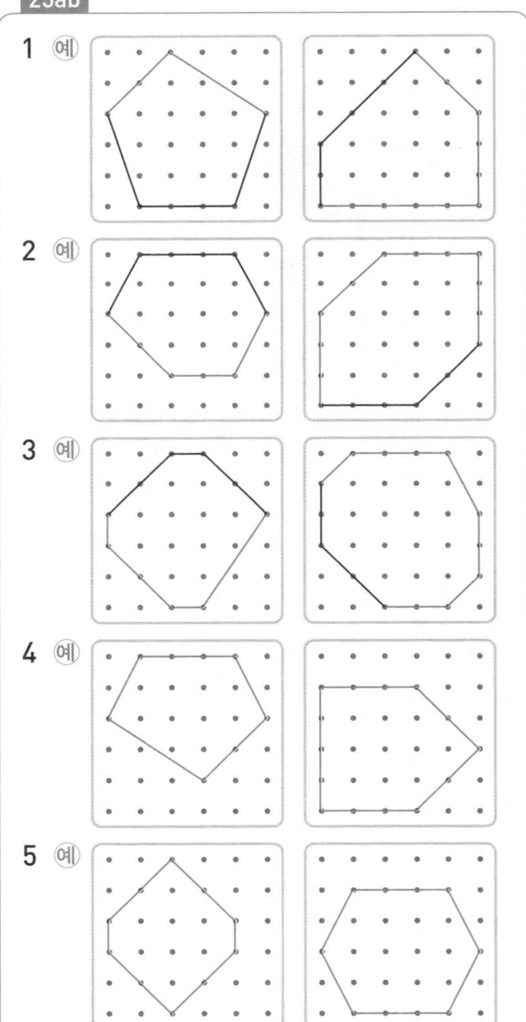

6 예

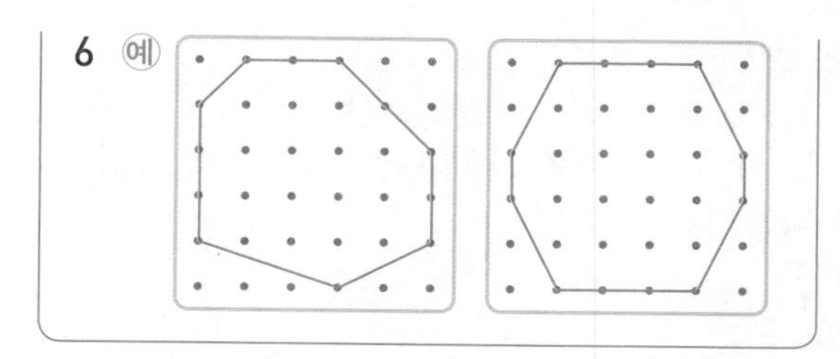

26ab

1 가, 나, 라, 바 / 다, 마
2 가, 나, 다, 라 / 마, 바
3 가, 나, 라
4 가, 나, 다, 라, 마 / 바
5 가, 다, 라, 마, 바 / 나
6 가, 다, 라, 마

27ab

1 가, 라, 마, 아 / 나, 다, 바, 사, 자
2 가, 다, 마, 사, 아 / 나, 라, 바, 자

〈풀이〉

1 다, 사, 자는 변의 길이와 각의 크기가 모두 같지 않고, 나는 각의 크기는 모두 같으나 변의 길이가 모두 같지 않고, 바는 변의 길이는 모두 같으나 각의 크기가 모두 같지 않으므로 정다각형이 아닙니다.

2 라, 바, 자는 변의 길이와 각의 크기가 모두 같지 않고, 나는 변의 길이는 모두 같으나 각의 크기가 모두 같지 않으므로 정다각형이 아닙니다.

28ab

1 나　2 가　3 라
4 나　5 다　6 라

〈풀이〉

1~6 정다각형은 변의 길이가 모두 같고, 각의 크기가 모두 같습니다.

29ab

1 정사각형, 28　2 정오각형, 25
3 정육각형, 48　4 정팔각형, 32
5 정삼각형, 180　6 정사각형, 360
7 정오각형, 540　8 정육각형, 720

〈풀이〉

※ 정다각형은 변의 길이가 모두 같습니다.

1 $7\times4=28$ (cm)

2 $5\times5=25$ (cm)

3 $8\times6=48$ (cm)

4 $4\times8=32$ (cm)

※ 정다각형은 각의 크기가 모두 같습니다.

5 $60^\circ+60^\circ+60^\circ=180^\circ$

6 $90^\circ+90^\circ+90^\circ+90^\circ=360^\circ$

7 $108^\circ+108^\circ+108^\circ+108^\circ+108^\circ=540^\circ$

8 $120^\circ+120^\circ+120^\circ+120^\circ+120^\circ+120^\circ=720^\circ$

30ab

1 (○)(　)　2 (○)(　)
3 (　)(○)　4 (　)(○)
5 (○)(　)　6 (　)(○)

〈풀이〉

1~6 서로 이웃하지 않는 두 꼭짓점을 이은 것을 찾습니다.

31ab

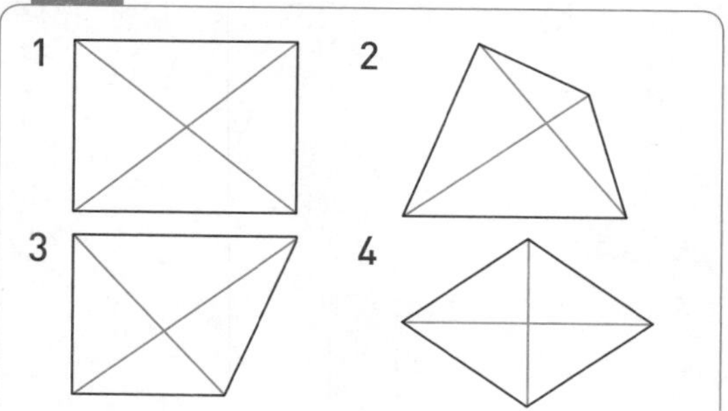

5 6

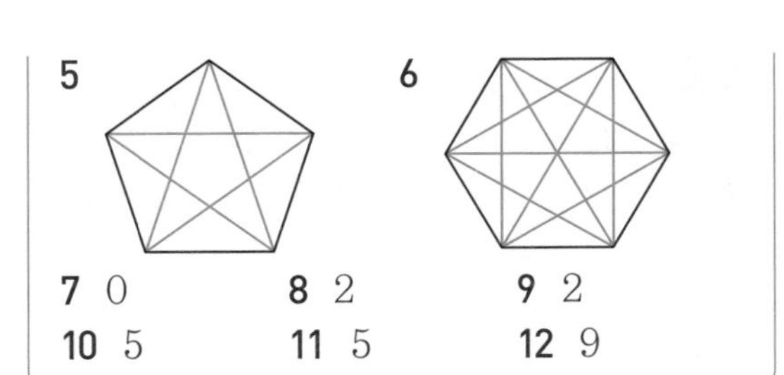

7 0	8 2	9 2
10 5	11 5	12 9

〈풀이〉

1~12 서로 이웃하지 않는 두 꼭짓점을 모두 선분으로 잇습니다. 사각형은 대각선을 2개, 오각형은 대각선을 5개, 육각형은 대각선을 9개 그을 수 있습니다.

32ab

1 가, 다	2 나, 다	3 나, 라
4 다	5 나	6 가

〈풀이〉

※ 직사각형과 정사각형은 항상 두 대각선의 길이가 같고, 마름모와 정사각형은 항상 두 대각선이 서로 수직으로 만납니다.

1

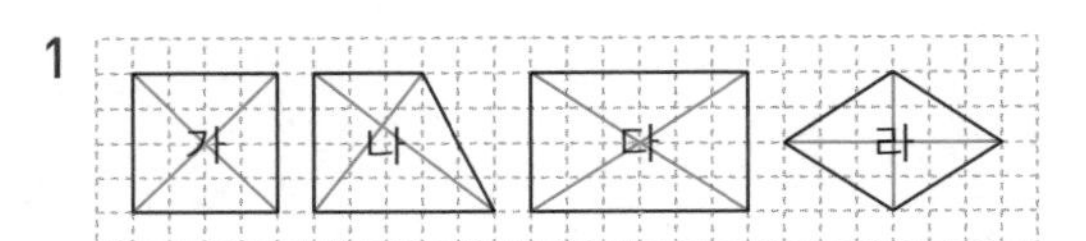

두 대각선의 길이가 같은 사각형은 가, 다입니다.

4

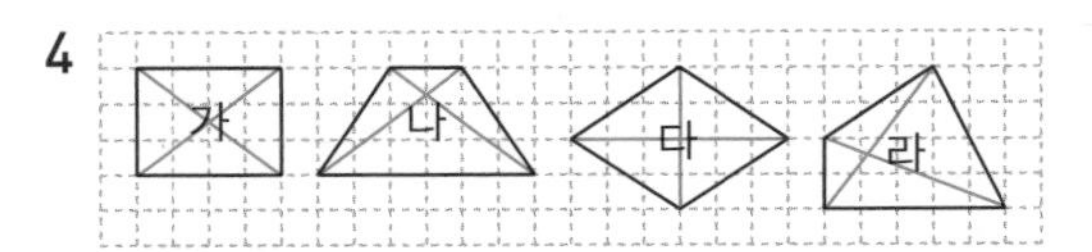

두 대각선이 서로 수직으로 만나는 사각형은 다입니다.

33ab

1 가, 다	2 가, 라	3 나, 다
4 가	5 라	6 다

〈풀이〉

※ 평행사변형, 마름모, 직사각형, 정사각형은 항상 한 대각선이 다른 대각선을 반으로 나눕니다.

1

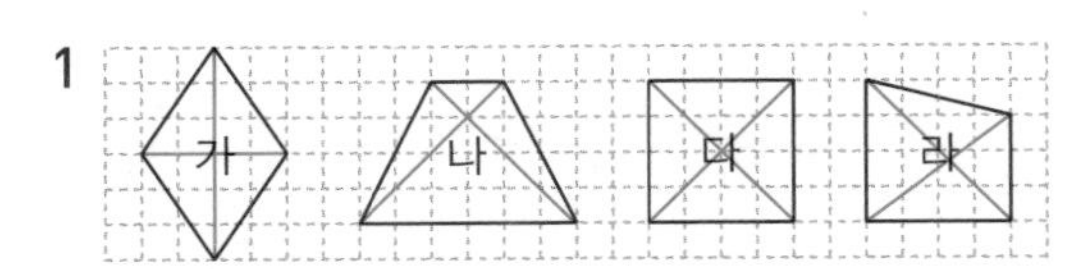

한 대각선이 다른 대각선을 반으로 나누는 사각형은 가, 다입니다.

4

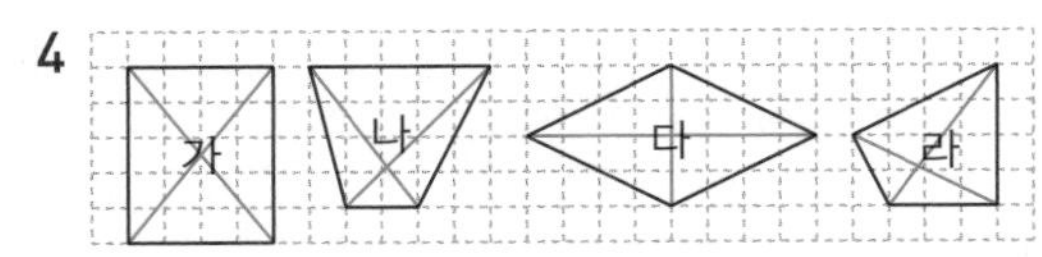

두 대각선의 길이가 같고 한 대각선이 다른 대각선을 반으로 나누는 사각형은 가입니다.

34ab

1 2	2 3	3 4	4 5
5 6	6 8	7 3	8 4
9 2	10 4		

〈풀이〉

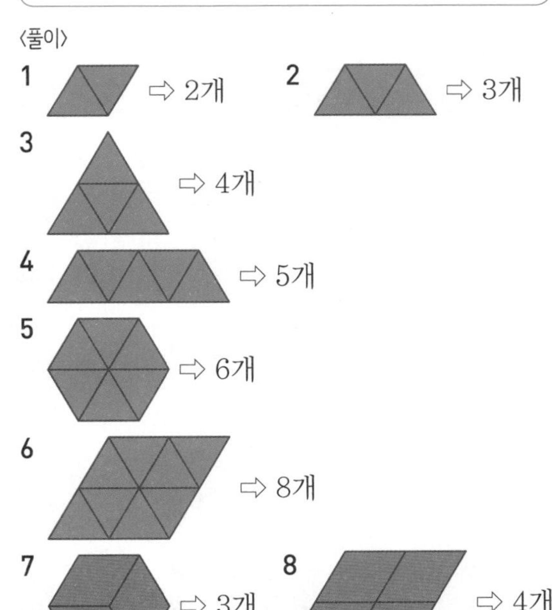

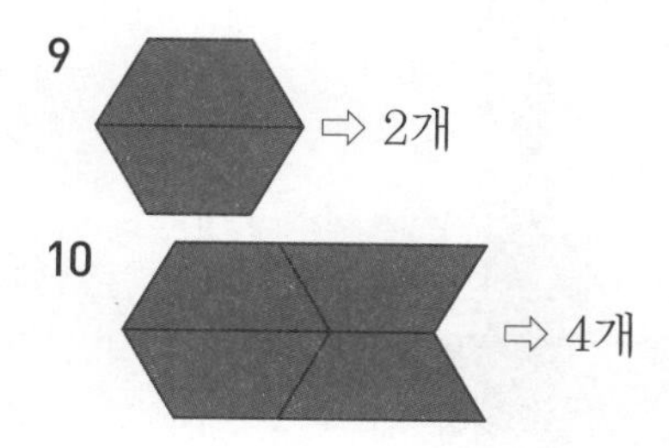

35ab

1 정사각형, 정삼각형
2 정삼각형, 사다리꼴
3 평행사변형, 사다리꼴
4 정삼각형, 사다리꼴, 평행사변형
5 정사각형, 사다리꼴, 정삼각형
6 정삼각형, 정육각형, 사다리꼴

〈풀이〉

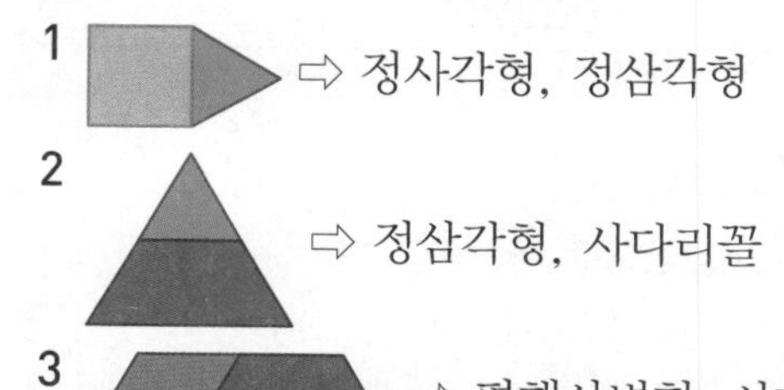

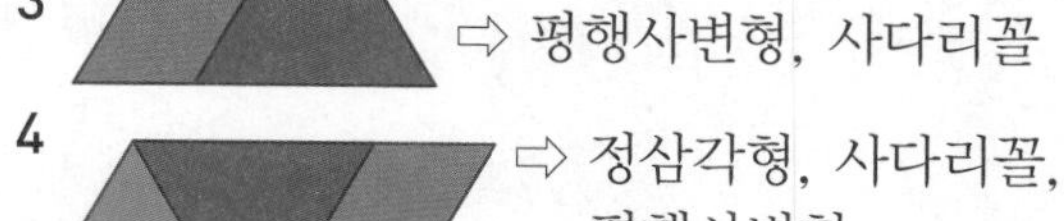

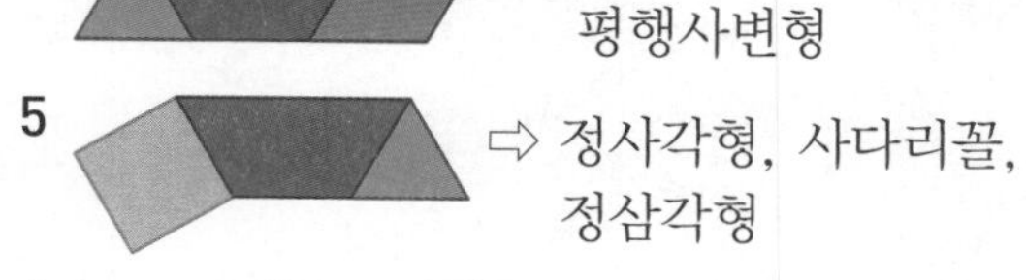

6 ⇨ 정삼각형, 정육각형, 사다리꼴

36ab

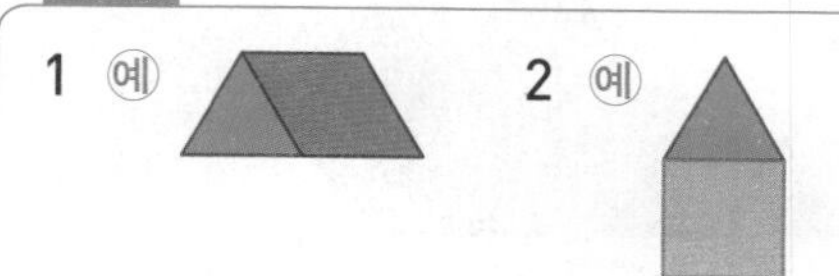

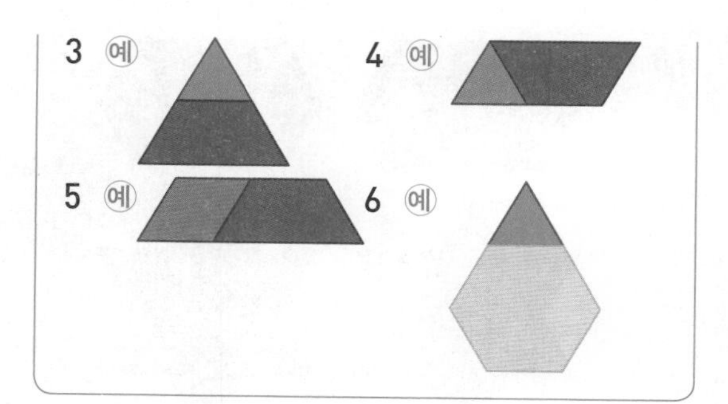

37ab

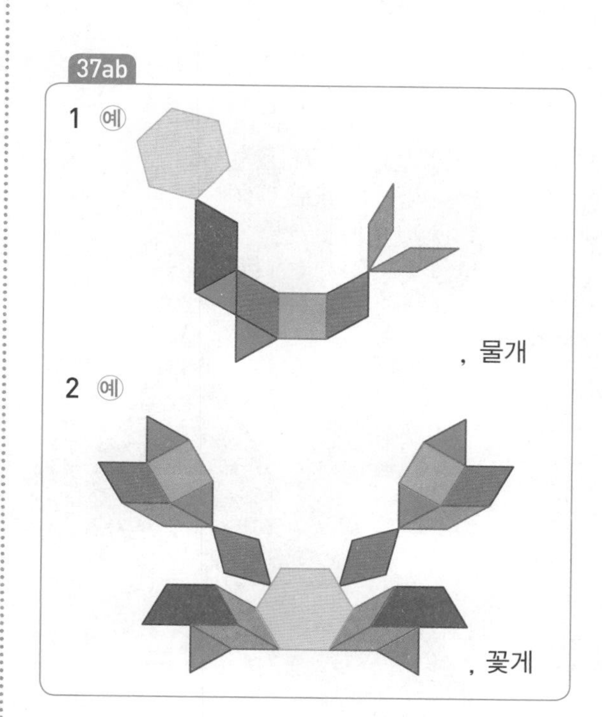

, 꽃게

38ab

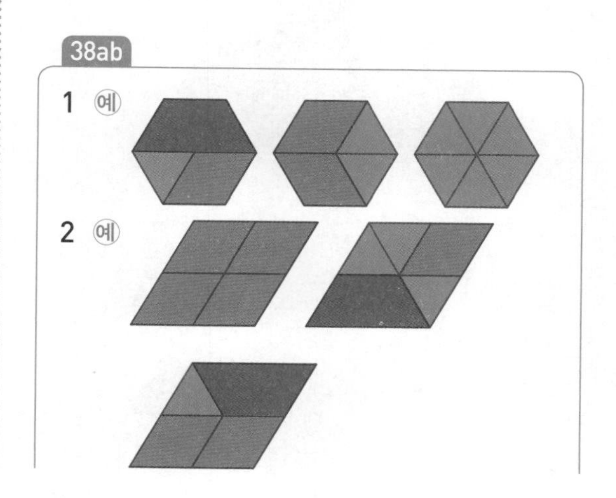

3 예

4 예

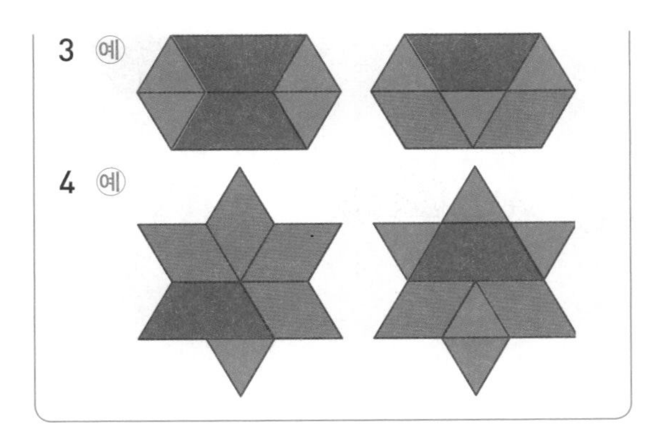

39ab

1 예

2 예

3 예

4 예

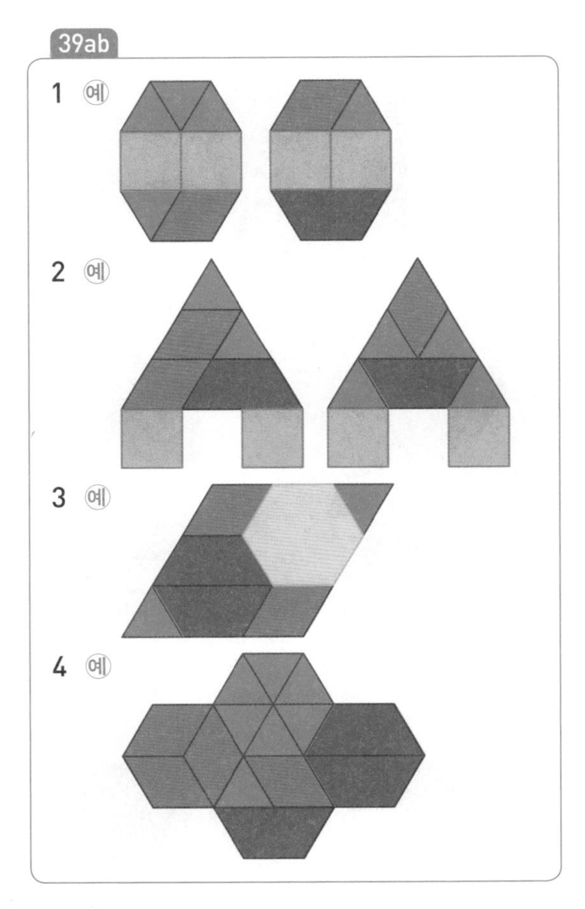

40ab

1 예

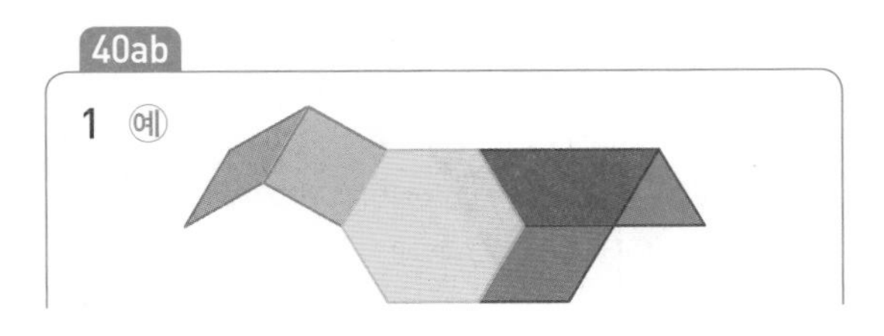

2 예

3 예

4 예

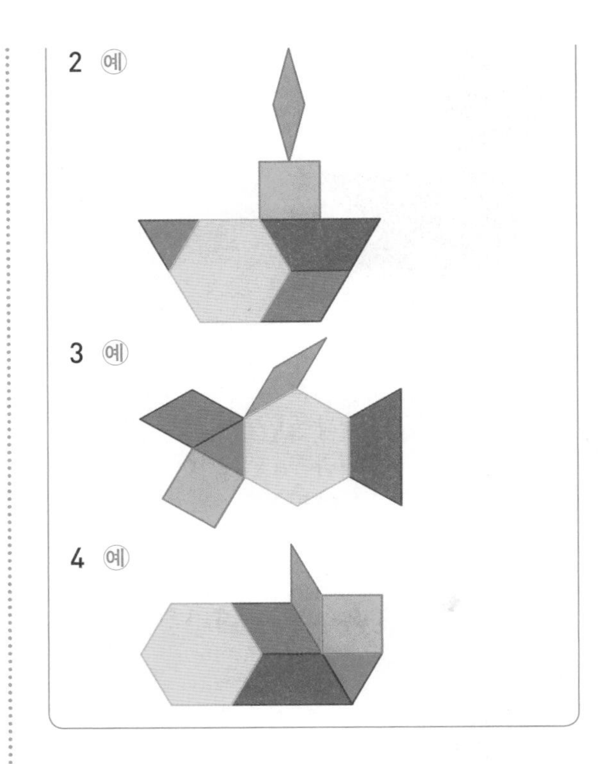

성취도 테스트

1 가, 나, 다, 마, 바, 사, 아

2 가, 나, 다, 바, 아

3 가, 다, 아

4 가, 바, 아

5 가, 아

6

7

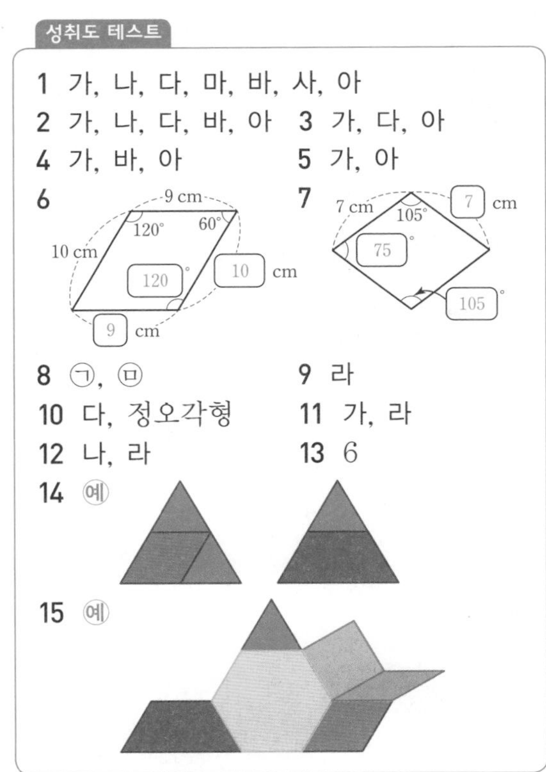

8 ㉠, ㉤

9 라

10 다, 정오각형

11 가, 라

12 나, 라

13 6

14 예

15 예